建筑工人职业技能培训教材

防 水 工

（第二版）

建筑工人职业技能培训教材编委会　组织编写

中国建筑工业出版社

图书在版编目（CIP）数据

防水工/建筑工人职业技能培训教材编委会组织编
写. —2版. —北京：中国建筑工业出版社，2015.11
建筑工人职业技能培训教材
ISBN 978-7-112-18742-3

Ⅰ.①防… Ⅱ.①建… Ⅲ.①建筑防水-工程施工-
技术培训-教材 Ⅳ.①TU761.1-44

中国版本图书馆 CIP 数据核字（2015）第 268599 号

建筑工人职业技能培训教材

防 水 工

（第二版）

建筑工人职业技能培训教材编委会 组织编写

*

中国建筑工业出版社出版、发行（北京西郊百万庄）
各地新华书店、建筑书店经销
北京红光制版公司制版
廊坊市海涛印刷有限公司印刷

*

开本：850×1168毫米 1/32 印张：5⅞ 字数：155千字
2015 年 12 月第二版 2015 年 12 月第十三次印刷
定价：**16.00** 元
ISBN 978-7-112-18742-3
（27838）

本教材是建筑工人职业技能培训教材之一，考虑到防水工的特点，按照新版《建筑工程施工职业技能标准》的要求，对防水工应知应会的内容进行了详细讲解，主要内容包括：房屋构造与建筑识图基本知识、建筑防水材料、常用防水施工机具、屋面防水工程施工、卫生间防水工程施工、地下工程防水施工、建筑外墙防水施工、构筑物防水施工、安全防护与劳动保护，具有科学、规范、简明、实用的特点。

　　本教材适用于防水工职业技能培训，也可供相关人员参考。

责任编辑：朱首明　李　明　李　阳　周　觅

责任设计：董建平

责任校对：李欣慰　赵　颖

4

第一版教材编审委员会

出　版　说　明

为了提高建筑工人职业技能水平，受住房和城乡建设部人事司委托，依据住房和城乡建设部新版《建筑工程施工职业技能标准》（以下简称《职业技能标准》），我社组织中国建筑工程总公司相关专家，对第一版《土木建筑职业技能岗位培训教材》（建设部人事教育司组织编写）进行了修订，并补充新编了其他常见工种的职业技能培训教材。

第一批教材含新编教材3种：建筑工人安全知识读本（各工种通用）、模板工、机械设备安装工（安装钳工）；修订教材10种：钢筋工、砌筑工、防水工、抹灰工、混凝土工、木工、油漆工、架子工、测量放线工、建筑电工。其他工种教材也将陆续出版。

依据新版《职业技能标准》，建筑工程施工职业技能等级由低到高分为：五级、四级、三级、二级和一级，分别对应初级工、中级工、高级工、技师和高级技师。教材覆盖了五级、四级、三级（初级、中级、高级）工人应掌握的内容。二级、一级（技师、高级技师）工人培训可参考使用。

本套教材按新版《职业技能标准》编写，符合现行标准、规范、工艺和新技术推广的要求，书中理论内容以够用为度，重点突出操作技能的训练要求，注重实用性，力求文字通俗易懂、图文并茂，是建筑工人开展职业技能培训的必备教材，也可供高、中等职业院校实践教学使用。

为不断提高本套教材质量，我们期待广大读者在使用后提出宝贵意见和建议，以便我们改进工作。

中国建筑工业出版社

2015 年 10 月

第 二 版 前 言

本教材依据住房和城乡建设部新版《建筑工程施工职业技能标准》，在上一版《防水工》教材基础上修订完成。

本书力求理论知识与实践操作的紧密结合，体现建筑企业施工的特点，提高生产作业人员的实际操作水平，做到文字简练、通俗易懂、图文并茂。注重针对性、科学性、规范性、实用性、新颖性和可操作性。

本教材适用于职业技能五级（初级）、四级（中级）、三级（高级）防水工岗位培训和自学使用，也可供二级（技师）、一级（高级技师）防水工参考使用。

本教材修订主编由李小燕担任，由于编写时间仓促，加之编者水平有限，书中难免存在缺点和不足，敬请读者批评指正。

第 一 版 前 言

本书是根据新修订的土木建筑职业技术培训计划与培训大纲的要求编写的,适合于初级、中级和高级防水工的职业技能培训。主要内容有房屋构造与建筑识图基本知识,建筑防水工程设计,常见建筑防水材料与保温材料,建筑防水施工常用机具,屋面防水工程施工,厕浴间防水工程施工,地下工程防水施工,建筑外墙防水施工,构筑物防水施工,建筑防水工程施工管理。本书较多地引用了新颁布的建筑防水材料标准和屋面、地下工程施工质量验收规范的内容,内容丰富,实用性强,不仅可以作为初、中、高级防水工的职业岗位培训教材,也可供从事建筑防水的设计和管理人员参考。

本书编写分工是:赵广和,一、二、七、八、九、十;李自明,三;娄大炜,四、五、六。本书在编写过程中得到许多同志的指导和帮助,在此表示感谢。另外由于编写时间仓促,水平有限,缺点和错误在所难免,欢迎批评指正。

目　　录

一、房屋构造与建筑识图基本知识

（一）房屋建筑主要构造

房屋建筑的主要构造包括基础、主体结构、装饰装修（地面、门窗、抹灰、饰面板、涂饰等）、建筑屋面、建筑给水排水及采暖、建筑电气、智能建筑、通风与空调、电梯等分部。在这些构造中与防水密切相关的是基础、主体结构的墙、装饰装修之地面、门窗和建筑屋面工程。

1. 基础

基础位于主体结构的下端，直接与主体结构相连接，坐落于地基之上，一般处于地下。基础的作用是承受建筑物的全部荷载，并均匀地传递给地基。基础的形式有：条形基础、独立基础、桩基础和平板式、筏形与箱形基础。基础由于所处位置和工作环境的关系，经常受到地下水、地表水的侵蚀，一般都要求进行防水设计，基础（地下工程）的变形缝、施工缝、诱导缝、后浇带、穿墙管、预埋件、预埋通道接头、桩头等细部构造，应加强防水措施。

2. 墙柱

墙是主体结构的重要组成部分。墙有外墙、内墙之分。外墙是房屋建筑的围护结构，要有一定的坚固性，并能抵御和隔绝自然界风、雨、雪的侵袭，具有防盗、隔声、隔热、防寒的功能。内墙则是将建筑物分隔成具有不同功能的房间和走廊。墙分承重墙和非承重墙。承重墙将上部荷载传递给下部结构，非承重墙主要起围护作用和分隔作用。

墙体材料很多，目前应用的墙体材料主要有砖、石、混凝土小型空心砌块、加气混凝土砌块、轻质高强墙板、现浇钢筋混凝土、压型金属保温墙板等。

柱是框架结构建筑中的承重构件，常用普通黏土砖、钢筋混凝土和型钢制成。

3. 变形缝

变形缝为伸缩缝、沉降缝、防震缝的总称。变形缝将建筑物分成几个相对独立的部分，使各部分能相对自由变形，而不致影响整个建筑物。

（1）伸缩缝。伸缩缝是为了防止因气温变化而引起建筑物的热胀冷缩，并可能造成损坏而人为设置的将建筑物主体结构断开的缝隙。伸缩缝在建筑物的基础部分不断开，其余上部结构全断开。变形缝的宽度一般为 20～30mm，在砖混结构中每 60m 设置一条，在现浇混凝土结构中每 50m 设置一道。墙缝或地面缝中填沥青油麻，并用金属或塑料板封盖；屋面上的伸缩缝作法在屋面防水工程施工中详述。

（2）沉降缝。当建筑物的相邻部位高低不同，荷载相差较大或结构型式不同，以及两部位所处的地基承载力不同时，建筑物会产生不均匀沉降。为了防止相邻部位因沉降不均匀而造成建筑物断裂，必须设置沉降缝，使各自能自由沉降。沉降缝的基础部位也是断开的。沉降缝的宽度与地基情况和建筑物的高度有关，一般都比伸缩缝要宽。缝的处理与伸缩缝基本相同。

（3）防震缝。在设计烈度为 7 度以上的地区，当建筑物立面高差较大，各建筑部分结构刚度有较大的变化，或荷载相差悬殊时要设置防震缝。防震缝沿建筑物全高设置，基础可以不设防震缝。防震缝的宽度由设计计算确定。防震缝的处理与伸缩缝基本相同。

4. 地面

建筑地面包括建筑物底层地面和楼层地面，并包含室外散水、明沟、踏步、台阶、坡道等。建筑地面一般应由，面层、结合层、找平层、隔离层（防水层、防潮层）、找平层、垫层或楼板、基土（底层地面垫层下的土层）等结构层组成。

有防水要求的楼面工程，在铺设找平层前，应对立管、套管和地漏与楼板节点之间进行密封处理。厕浴间和有防水要求的建筑地面应铺设隔离层，其楼面结构层常用现浇水泥混凝土。地面结构层标高应结合房间内外标高差，坡度流向以及隔离层能裹住地漏等进行施工。面层铺设后不应出现倒坡泛水和地漏处渗漏。在水泥砂浆或混凝土找平层上铺涂防水材料隔离层时，找平层表面应洁净、干燥，并应涂刷基层处理剂。基层处理剂应采用与卷材性能配套的材料或采用同类涂料的底子油。可以用沥青砂浆或沥青混凝土做找平层、隔离层和面层。当采用沥青砂浆或沥青混凝土做面层时，其配合比应由试验确定，面层的厚度应符合设计要求。

5. 屋面

屋面处于建筑物的顶部，主要作用是防止雨（雪）水、防止紫外线进入室内和对房间进行保温、隔热。屋面有坡屋面（坡度大于 10% 的屋面）和平屋面之分。屋面的构造主要由结构层、找平层、保温层、隔汽层、防水层、保护层、通风隔热层等组成，如图 1-1 所示。由于建筑的需要，屋面上常设有落水口、出

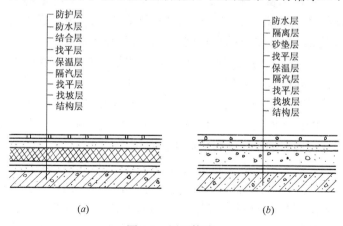

图 1-1　屋面构造

（a）柔性防水屋面；（b）刚性防水屋面

3

气孔、烟囱、人孔、天窗,还有的在屋面上安装设备,或作为游泳池、运动场、停机坪等使用,所以屋面结构是比较复杂的,防水要求也是很高的。

(1)结构层。它的作用是承受屋面上各层的荷载,同时承受风载、雨雪载和活荷载等,并将各种荷载传到下面的结构上去。屋面结构层有木质和钢筋混凝土等结构型式,以钢筋混凝土屋面板应用最多。钢筋混凝土屋面板不论是现场浇筑式还是预制装配式,均应采取措施避免产生裂缝,成为屋面的一道防水层。

(2)找平层。找平层是为保证结构层或保温层上表面光滑、平整、密实并具有一定强度而设置的,其作用是为隔汽层、保温层或防水层的铺设提供良好的基层条件,排水坡度应符合设计要求。找平层可采用水泥砂浆、细石混凝土,厚度根据基层和保温层的不同在15~35mm 之间选定。水泥砂浆找平层宜掺微膨胀剂。找平层应设分格缝,缝宽宜为 20mm,缝内嵌填密封材料;分格缝应留设在板的支承处,其纵横缝的最大间距为:采用水泥砂浆或细石混凝土找平层时,不宜大于 6m。

(3)隔汽层。在我国北方(例如纬度 40°以北地区)的屋面一般都做成保温屋面。当室内空气湿度大于 75%,冬季室外温度较低时,室内空气中的湿气和屋面材料中的水分将在不透气的防水层下产生大量凝结水;夏季高温时将在防水层下产生大量水蒸气,就会造成防水层起鼓裂缝,防水层极易疲劳老化受到破坏。其他地区室内空气湿度常年大于 80%时,也会出现上述情况。为了防止室内空气中的湿气凝结水现象或水蒸气现象的产生,一般在屋面结构层与保温层之间设置一道隔汽层。隔汽层可采用气密性好的单层卷材或防水涂料铺设。

(4)保温层。为了防止热天高温、冷天低温侵入室内,在屋面上用导热系数低的材料设置的具有一定厚度的结构层。屋面保温层可采用松散材料保温层(例如膨胀蛭石、膨胀珍珠岩等)、板状材料保温层(例如泡沫塑料板、微孔混凝土板、沥青膨胀蛭石板、沥青膨胀珍珠岩板等)或整体现浇(喷)保温层(例如沥青膨胀蛭石、沥青膨胀珍珠岩、硬质聚氨酯泡沫塑料)。保温层的厚度根据材料种类由设计计算决定。保温层应干燥,当保温层干燥有困难时,应采用排汽措施。

(5)防水层。防水层是屋面的重要组成部分,其作用是防止雨水、雪透过屋面进入建筑物内。坡屋面以构造防水为主,防水层防水为辅;平屋面以防水层防水为主;地下结构也以防水层防水为主。根据建筑物的类别、重要程度、使用功能要求不同,屋面防水分为2个等级,见表1-1。

屋面防水等级和设防要求 表1-1

防水等级	建筑类别	设防要求
Ⅰ	重要建筑和高层建筑	两道防水设防
Ⅱ	一般建筑	一道防水设防

常见的防水屋面有:卷材防水屋面、涂膜防水屋面、刚性防水屋面、瓦屋面(平瓦屋面、油毡瓦屋面、金属板材屋面)、隔热屋面(架空隔热屋面、蓄水屋面、种植屋面)。

(6)隔热层。隔热层可采用架空隔热板、蓄水隔热层、种植隔热层。架空隔热屋面宜在通风较好的建筑物上采用,不宜在寒冷地区采用;蓄水屋面不宜在寒冷地区、地震区和震动较大的建筑物上使用,蓄水屋面的坡度不宜大于 0.5%;种植屋面应有 1%~3%的坡度,架空隔热屋面的坡度不宜大于 5%;蓄水屋面、种植屋面的防水层应选择耐腐蚀、耐穿刺性能好的材料。

6. 阳台与雨篷

阳台与雨篷都是挑出墙面的构造,是房屋构造的组成部分。阳台底面标高应低于室内地面标高,防止雨水进入室内。阳台设排水管和地漏,以便将进入阳台的雨水等排出。

7. 楼梯和门窗

(1)楼梯。楼梯是供楼层间上下交通使用的,由楼梯踏步、栏杆与扶手、平台组成。

(2)门窗。门是供人们出入房间而设的,窗的主要作用是采光和通风，并有一定的装饰作用。

8. 天窗架与屋面板

（1）天窗架。在单层工业厂房中，为了满足天然采光和自然通风的要求，在屋顶上要设置天窗，如图1-2所示。常见的天窗有矩形天窗、锯齿形天窗和平天窗。天窗架是天窗的承重结构，它直接支承在屋架上。

（2）屋面板。屋面板有多种形式，最常见的为大型钢筋混凝土屋面板，面积大，刚性好。

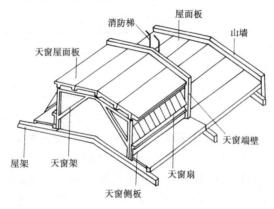

图1-2　矩形天窗构造图

（二）建筑识图基本知识

建筑施工图是设计师根据技术条件和标准绘制的，能够准确地表示出建筑物的外形模样、尺寸大小、结构构造和材料作法的图样。

1. 建筑施工图的种类

建筑施工图按专业分为：建筑施工图、结构施工图、给水排水施工图、暖通空调施工图、电气施工图、设备施工图等，简称为建施、结施、水施、暖施、电施、设施等。每份专业施工图包括基本图和剖面图、详图：基本图表示全局性内容；剖面图、详图只表示某一局部的构造和作法。一套完整的施工图还应包括图纸目录和总说明。

（1）图纸目录和总说明。图纸目录包括各类各张图的名称、内容、图号。

总说明包括建筑物的位置、坐标和周围环境；建筑物的层数、层高、相对标高与绝对标高；建筑物的长度和宽度、主出入口与次出入口；建筑物占地面积、建筑面积、平面系数；地基概况、地耐力强度；使用功能和特殊要求简述等。

（2）建筑总平面图。建筑总平面图是新建建（构）筑物和周围环境的总体平面布置图，包括道路、绿化、围墙、已有建筑等，有的还包括标高、排水坡度、管道布置等。

（3）建筑施工图。建筑施工图表示新建建筑物的内部各层平面布置，各个方向的立面造型、屋顶平面、内外装修等。

（4）结构施工图。结构施工图表示承重结构的布置，各构件的规格和作法，基础平面和作法，钢筋混凝土构件则包括配筋。

（5）给水排水施工图。给水排水施工图表示给水和排水系统的各层平面布置，管道走向及系统图，卫生设备和洁具安装详图。

（6）暖通空调施工图。暖通空调施工图表示室内管道走向、构造和安装要求，各层供暖和通风的平面布置和竖向系统图，以及必要的详图。

（7）电气施工图。电气施工图表示电气线路和安装要求、灯具位置，包括动力与照明的平面和系统图，必要的电气设备、配电设备详图。

（8）设备施工图。设备施工图表示设备位置、走向和设备基础，设备安装图。

2. 识图方法

在建筑物的全套施工图中，建筑施工图是最主要的，其他施工图如结构、给水排水等均以建筑施工图为依据进行配套设计。建筑施工图决定建筑物的位置、外观、内部布置，以及装饰装修、防水作法和施工需用的材料、施工要求的详图，主要用来作为放线、装饰装修和建筑防水的施工依据。

（1）图纸目录和总说明的识读

1）图纸目录的识读。图纸目录有两种：一种是列出建筑、结构、水暖、电气等全部图纸的目录；另一种是按专业列目录。目录列出了图别（建施、结施、水施……）、图号、图名和备注。图名应和该页图上的图名一致。在目录中，新设计的图纸在前，选用的标准图或重复使用的图纸在后。可以依据图纸目录查找相应的图纸，换句话说，识图先看目录，根据目录的提示，查找需要的图纸。

2）总说明。总说明包括下列内容：施工图的设计依据；建筑物的建筑面积、设计规模和应有的技术经济指标，如平面系数、防水等级、建筑标准等；相对标高与绝对标高的关系；地基与水文地质情况，地基承载力等。

通过识读总说明，可以熟悉该建筑物的相关资料，特别是防水有关资料和数据应熟记或摘录。

3）用料及作法表。这一部分是将建筑物的室内外各处构造、用料和作法作一汇总说明，除了局部构造在详图上表明外，通用做法都包括在做法说明中，如室外用砖标号、砂浆强度、墙身防潮层、屋面、外墙、散水、台阶等的做法；各种房间、走廊、盥洗室、厕所等装饰装修做法；特殊要求（如防火）做法；采用新技术新材料的做法说明。

用料及做法是总说明的重要组成部分，也是防水工程施工的重要依据，必须熟悉其内容，掌握其要求。

4）门窗表。

（2）建筑施工平面图的识读。建筑平面图就是用一假想的水平面沿窗口稍高一点的位置剖开，从上往下看到的这个切口下部的图形投影。它的内容包括建筑物的外形尺寸、总长、总宽及建筑面积，有散水、台阶、外门窗的位置、型号、外墙厚度、轴线编号，较长的建筑物还有变形缝等；建筑平面图还包括内墙的位置，房间的用途，楼梯间、卫生间的布置，门窗尺寸及型号，并附有详图及文字说明等。

建筑平面图对楼房来讲原则上一层一个平面图，如果两层或更多层的平面布置完全相同，可以合用一个平面图，称为标准层。因此一般建筑平面图都有一层平面图、其他层或标准层平面图、设备层平面图、屋面平面图等。图 1-3 为某小学教学楼平面图。

屋面平面图与一般的建筑平面图不同，它主要表示屋面建筑物的位置、构造、屋面的坡度、排水方法、屋面结构剖面、各层做法以及女儿墙、变形缝、挑檐的构造做法等，屋面平面图如图 1-4 所示。

建筑施工平面图的识读顺序如下：

1) 先看标题栏，了解图名、图号、比例、设计人员、设计日期。

2) 看建筑物的长度、宽度、轴线编号及轴线间距离，内外墙厚度及做法，门窗尺寸与型号，窗间墙宽度，有无构造柱等。

3) 看建筑物的朝向、楼梯口位置、散水做法、屋面排水方式及防水做法，水落管位置与数量，室内外标高、防潮层做法。

4) 看房间的用途，特别是盥洗室、厕所、厨房等与防水关系密切的房间的平面位置及构造，看有关详图内容及编号，看有关文字说明。

5) 看剖切线的位置，以便结合剖面图看懂其构造和做法。

6) 看与安装工程有关的部位和内容，如各种穿墙（板）管道、预埋件、室内排水及卫生洁具的安装等。

7) 结合建筑结构图看懂基础及地下室平、立面防水做法，过墙管道的防水处理，施工缝、加强带、变形缝的构造及防水做法，桩头的防水处理要求等。

（3）建筑立面图的识读。首先看清图标和比例，即看清是哪个立面，比例是多少；进而就可看清标高、层数和竖向尺寸；再进一步就可看清该立面的外貌和具体细部构造，如台阶、雨篷、

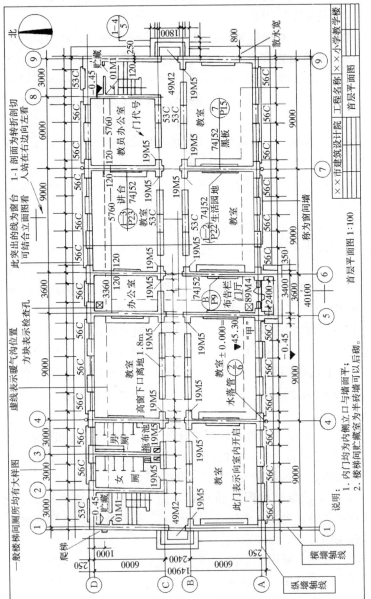

图1-3 首层平面图

说明：
1. 内门均为内侧立口与墙面平；
2. 楼梯间贮藏室为半砖墙可以后砌。

××市建筑设计院　工程名称：××小学教学楼
首层平面图

首层平面图 1:100

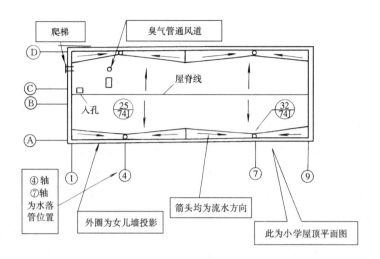

图 1-4　屋面平面图

阳台、挑檐、窗台、水落管等位置及构造，以及该立面外部装饰装修的做法和用料，某些局部构造做法或详图等。

（4）建筑施工剖面图的识读。看剖面图首先应看清是哪个剖面的剖面图，剖切线位置不同，剖面图的图形也不同。一般情况下，一套图纸有1～3张剖面图就能表达清楚房屋建筑的内部构造。看剖面图时必须对照平面图一起看，才能了解清楚图纸所表达的内容。

（5）建筑施工详图的识读。一般民用建筑除了建筑平面图、立面图和剖面图外，为了能详细说明某部位的结构构造和做法，常把这些部位绘制成施工详图。常见的施工详图有：外墙详图、楼梯间详图、台阶详图、厨房、浴室、厕所、卫生间详图、地下室底板、侧墙详图、屋面女儿墙构造详图。另外，如门、窗、楼梯扶手的构造，卫生设备的安装等，一般都有设计好的标准图册。

3. 识图要点

（1）识图要循序渐进。识图要从总图到专业图，从建筑施工图到其他施工图，从平面图到立面图、剖面图、详图，从外到内，从大到小，循序渐进。看图时首先要阅读设计说明，了解建筑物的概况、材料要求、质量标准，以及施工中应注意的事项和一些特殊技术要求。对于防水工而言要特别注意水文地质资料情况，防水部位的构造和防水做法，防水材料的选用等等；然后看平面图，对建筑物形成一个基本概念，再看立面图、剖面图；最后再仔细阅读详图。

在看懂建筑施工图的基础上，再看建筑结构施工图和其他专业图，就能对建筑物有一个完整的概念。有时看了建筑施工平面图后，某些问题并未搞清，但结合看结构施工图就会找到答案，可以加深对整个建筑工程的理解。

（2）要记住重要部位的尺寸。图纸上标注的尺寸很多，我们不可能全部记住，但对一些重要尺寸，与防水工程相关的尺寸则应记住，例如，建筑物的长、宽、高，基础的埋深，有防水要求的房间开间数与开间尺寸，室外的标高差，屋面坡度或排水坡度等等。

（3）弄清楚各图之间的关系。不同的图纸从不同的方面表达建筑物某一部位的做法和要求，结合起来才能反映一个完整的建筑物（或某一部分）的全貌，所以，一定要弄清楚一套图纸中各图之间的关系。看图时，必须以平面图中的轴线编号、位置、尺寸为基准，立面图、剖面图中的标高应与结构施工图及其他图纸中的标高一致。在看建筑剖面、基础剖面图或某构件的剖面图时，必须先在平面图或结构图中找到剖面图的位置，才能准确无误地理解剖面图的内容；详图可用详图索引符号查对。对室内外做法、材料要求和标准，必须看设计说明。

（4）抓住关键。对防水工而言，应抓住与防水部位施工关系密切的部位的结构、做法、材料要求、尺寸和质量标准，例如屋面保温和防水做法，有防水要求的建筑地面做法，地下工程的结构及防水做法，外墙结构与装饰做法等。

（5）要了解建筑物的主要特点。建筑物的使用功能不同，形式不同，就有不同的设计特点，例如单层工业厂房比较宽大，屋面防水的难度就比较大；高层建筑带有地下室，就必须考虑地下工程防水的问题；特别重要的建筑，例如国家级的博物馆、档案馆及纪念性建筑，就必须进行Ⅰ级防水。还有地基处理方案，建筑物某些特殊部位的处理要求，特殊材料的技术要求，新结构、新材料、新工艺、新技术的要求及标准，以及施工中的难点或在施工中容易出现质量缺陷的部位，这些都是主要特点，只有掌握了这些特点，才能更好地、全面地理解设计意图，确保工程质量。

（6）进行图表对照。一套完整的施工图，除了有各种专业图纸之外，还有一些表格，例如室内外的做法表。在进行看图时，应将图纸和相关表格一一对照，一方面加深理解，同时也可以及时发现图表中的错误，认真核对，查找原因，必要时请设计人员给予说明或勘误，以免带入施工中去。

（7）注意三个结合。一是将建筑施工图与结构施工图结合起来看，二是将室内与室外图结合起来看，三是将土建图与安装图结合起来看，这样才能全面理解整套图纸，避免遗漏、矛盾，造成返工修理。

二、建筑防水材料

建筑防水材料是指应用于建筑物和构筑物中起防潮、防漏、保护建筑物和构筑物及其构件不受水侵蚀破坏作用的一类建筑材料。随着石油、化工、建材工业的快速发展和科学技术的进步，防水材料已从少数材料品种迈向多类型、多品种的阶段，数量越来越多，性能各异。依据建筑防水材料的外观形态，一般将建筑防水材料分为防水卷材、防水涂料、防水密封材料、刚性防水及堵漏材料四大系列，这四大类材料又根据其组成不同可分为上百个品种。

建筑防水材料从性能上一般可分为柔性防水材料和刚性防水材料两大类：柔性防水材料主要有防水卷材、防水涂料、密封材料等；刚性防水材料主要有防水混凝土、防水砂浆等。

（一）建筑防水卷材

防水卷材是建筑防水材料中的重要品种，通常可分为沥青防水卷材、高聚物改性沥青防水卷材、合成高分子防水卷材、金属防水卷材等类别。

1. 沥青防水卷材

沥青防水卷材是以原纸、纤维织物、纤维毡、塑料膜、金属箔等材料为胎基，以石油沥青、煤沥青、页岩沥青或非高聚物材料改性的沥青为基料，以滑石粉、板岩粉、碳酸钙等为填充料进行浸涂或辊压，并在其表面撒布粉状、片状、粒状矿质材料或合成高分子薄膜、金属膜等材料制成的可卷曲的片状类防水材料。

2. 高聚物改性沥青防水卷材

高聚物改性沥青防水卷材是以玻纤胎、聚酯胎、黄麻布、聚乙烯膜、聚酯无纺布、金属箔或两种材料复合为胎基，以掺量不少于10％的合成高分子聚合物改性沥青、氧化沥青为浸涂材料，以粉状、片状、粒状矿物质材料、合成高分子薄膜、金属膜为覆面材料制成的可卷曲的一类片状防水材料。该卷材使用的高聚物改性沥青，指在石油沥青中添加聚合物，通过高分子聚合物对沥青的改性作用，提高沥青软化点，增加低温下的流动性，使感温性能得到明显改善；增加弹性，使沥青具有可逆变形的能力；改善耐老化性和耐硬化性，使聚合物沥青具有良好使用功能，即高温不流淌、低温不脆裂，刚性、机械强度、低温延伸性有所提高，增大负温下柔韧性，延长使用寿命，从而使改性沥青防水卷材能够满足建筑工程防水应用的功能。用于沥青改性的聚合物较多，有以 SBS（苯乙烯-丁二烯-苯乙烯合成橡胶）为代表的弹性体聚合物和以 APP（无规聚丙烯合成树脂）为代表的塑性体聚合物两大类。卷材的胎体主要使用玻纤毡和聚酯毡等高强材料，主要品种有：SBS 改性沥青防水卷材和 APP 改性沥青防水卷材两种。

（1）高聚物改性沥青防水卷材主要性能指标

高聚物改性沥青防水卷材主要性能指标见表 2-1。

高聚物改性沥青防水卷材主要性能指标　　　　表 2-1

项　　目	指标				
	聚酯毡胎体	玻纤毡胎体	聚乙烯胎体	自粘聚酯胎体	自粘无胎体
可溶物含量 （g/m²）	3mm 厚≥2100 4mm 厚≥2900		—	2mm 厚≥1300 3mm 厚≥2100	
拉力 （N/50mm）	≥500	纵向≥350	≥200	2mm 厚≥350 3mm 厚≥450	≥150
延伸率 （％）	最大拉力时 SBS≥30 APP≥25	—	断裂时≥120	最大拉力时 ≥30	最大拉力时 ≥200

项　目		指　标				
		聚酯毡胎体	玻纤毡胎体	聚乙烯胎体	自粘聚酯胎体	自粘无胎体
耐热度 （℃，2h）		SBS 卷材 90， APP 卷材 110， 无滑动、流淌、滴落		PEE 卷材 90， 无流淌、起泡	70，无滑动、 流淌、滴落	70，滑动不 超过 2mm
低温柔性 （℃）		SBS 卷材-20；APP 卷材-7； PEE 卷材-20			—20	
不透 水性	压力 （MPa）	≥0.3	≥0.2	≥0.4	≥0.3	≥0.2
	保持 时间 （min）	≥30				≥120

注：SBS 卷材为弹性体改性沥青防水卷材；APP 卷材为塑性体改性沥青防水卷材；

　　PEE 卷材为改性沥青聚乙烯胎防水卷材。

（2）SBS 改性沥青防水卷材

SBS 是苯乙烯-丁二烯-苯乙烯的英文词头缩写，属嵌段共聚物。SBS 改性沥青防水卷材是在石油沥青中加入 SBS 进行改性的卷材。SBS 是由丁二烯和苯乙烯两种原料聚合而成的嵌段共聚物，是一种热塑性弹性体，它在受热的条件下呈现树脂特性，即受热可熔融成黏稠液态，可以和沥青共混，兼有热缩性塑料和硫化橡胶的性能，因此 SBS 也称热缩性丁苯橡胶，它不需要硫化，并且具有弹性高、抗拉强度高、不易变形、低温性能好等优点。在石油沥青中加入适量的 SBS 而制得的改性沥青具有冷不变脆、低温性好、塑性好、稳定性高、使用寿命长等优良性能，可大大改善石油沥青的低温屈挠性和高温抗流动性能。彻底改变石油沥青冷脆裂的弱点，并保持了沥青的优良憎水性和粘结性。

SBS 改性沥青防水卷材不但具有上述很多优点，而且施工方便，可以选用冷粘接、热粘接、自粘接，可以叠层施工。厚度大于 4mm 的可以单层施工，厚度大于 3mm 的可以热熔施工。故广泛应用于工业建筑和民用建筑，例如，保温建筑的屋面和不保温建筑屋面、屋顶花园；地下室、卫生间、桥梁、公路、涵洞、停车场、游泳池、蓄水池等建筑工程防水，尤其适用于较低气温环境和结构变形复杂的建筑防水工程。

（3）APP 改性沥青防水卷材

APP 是塑料无规聚丙烯的代号。APP 改性沥青防水卷材，系指采用 APP 塑性材料做为沥青的改性材料。聚丙烯可分为无规聚丙烯、等规聚丙烯和间规聚丙烯三种。在改性沥青防水卷材中应用的多为廉价的无规聚丙烯，它是生产等规聚丙烯的副产品，是改性沥青用树脂与沥青共混性最好的品种之一，有良好的化学稳定性，无明显熔化点，在 165～176℃ 之间呈黏稠状态，随温度升高黏度下降，在 200℃ 左右流动性最好。APP 材料的最大特点是分子中极性碳原子少，因而单键结构不易分解，掺入石油沥青后，可明显提高其软化点、延伸率和粘结性能。软化点随 APP 的掺入比例增加而增高，因此，能够提高卷材耐紫外线照射性能，具有耐老化性优良的特点。

APP 改性沥青防水卷材具有多功能性，适用于新、旧建筑工程；腐殖质土下防水层；碎石下防水层；地下墙防水等。广泛用于工业与民用建筑的屋面和地下防水工程，以及道路、桥梁建筑的防水工程，尤其适用于较高气温环境和高湿地区建筑工程防水。

3. 合成高分子防水卷材

合成高分子防水卷材是以合成橡胶、合成树脂或它们两者的共混体系为基料，加入适量的化学助剂和填充料等，经过橡胶或塑料加工工艺，如经塑炼、混炼、压延或挤出成型、硫化、定型等工序加工制成的无胎加筋或不加筋的弹性或塑性的片状可卷曲的卷材。

目前，合成高分子防水卷材主要分为合成橡胶（硫化橡胶和非硫化橡胶）、合成树脂、纤维增强几大类。合成橡胶类当前最具代表性的产品有三元乙丙橡胶防水卷材，还有以氯丁橡胶、丁基橡胶等为原料生产的卷材，但与三元乙丙橡胶防水卷材的性能相比，不在同一档次水平。合成树脂类的主要品种是聚氯乙烯防水卷材，其他合成树脂类防水卷材，如氯化聚乙烯防水卷材、高密度聚乙烯防水卷材等、也存在与聚氯乙烯防水卷材档次不同的问题。此外，我国还研制出多种橡塑共混防水卷材，其中氯化聚乙烯-橡胶共混防水卷材具有代表性，其性能指标接近三元乙丙橡胶防水卷材。由于原材料与价格有一定优势，推广应用量正逐步扩大。

（1）合成高分子防水卷材主要性能指标

屋面防水工程对合成高分子防水卷材的主要性能指标见表2-2。

合成高分子防水卷材主要性能指标　　表 2-2

项　目		指　标			
		硫化橡胶类	非硫化橡胶类	树脂类	树脂类（复合片）
断裂拉伸强度（MPa）		≥6	≥3	≥10	≥60N/10mm
断裂伸长率（%）		≥400	≥200	≥200	≥400
低温弯折性（℃）		−30	−20	−25	−20
不透水性	压力（MPa）	≥0.3	≥0.2	≥0.3	≥0.3
	保持时间（min）	≥30			
加热伸缩率（%）		<1.2	<2.0	≤2.0	≤2.0
热老化保持率（80℃，168h，%）	断裂拉伸强度	≥80		≥85	≥80
	扯断伸长率	≥70		≥80	≥70

（2）三元乙丙橡胶防水卷材

1）定义

18

三元乙丙橡胶防水卷材是以乙烯、丙烯和任何一种非共轭二烯烃（如双环戊二烯）三种单体共聚合成的三元乙丙橡胶为主体，掺入适量的丁基橡胶、硫化剂、促进剂、软化剂、补强剂和填充剂等，经过配料、密炼、拉片、过滤、挤出（或压延）成型、硫化、检验、分卷、包装等工序，加工制成的高档防水材料。

2）特点及应用

三元乙丙橡胶分子结构中的主链上没有双键，分子内没有极性取代基，基本上属于饱和的高分子化合物，当三元乙丙橡胶受到臭氧、紫外线、湿热等作用时，主链上不易发生断裂，这是它耐老化性强于主链上含有双键的橡胶的根本原因。据有关资料介绍，三元乙丙橡胶防水卷材使用寿命可达 50 年以上。此外，三元乙丙橡胶防水卷材还具有一定的耐化学性，对于多种极性化学药品和酸、碱、盐有良好的抗耐性；具有优异的耐低温和耐高温性能，在低温下，仍然具有良好的弹性、伸缩性和柔韧性，可在严寒和酷热的环境中使用；具有优异的耐绝缘性能；拉伸强度高，伸长率大，对伸缩或开裂变形的基层适应性强，能适应防水基层伸缩或开裂、变形的需要，而且施工方便，不污染环境，不受施工环境条件限制。故广泛适用于各种工业建筑和民用建筑屋面的单层外露防水层，是重要等级防水工程的首选材料。尤其适用于受振动、易变形建筑工程防水，如体育馆、火车站、港口、机场等。另外，还可用于蓄水池、污水处理池、电站、水库、水渠等防水工程以及各种地下工程的防水，如地下贮藏室、地下铁路、桥梁、隧道等。

3）规格、型号、物理性能

三元乙丙橡胶防水卷材分硫化型和非硫化型二种，在 GB 18173.1—2012（高分子材料、片材）中的代号分别为 JL1 和 JF1。三元乙丙卷材的厚度规格有 1.0mm、1.2mm、1.5mm、1.8mm、2.0mm 五种。宽度有 1.0m、1.1m 和 1.2m 三种，每卷长度为 20m 以上。其物理性能详见表 2-3。

项　　目		指标值	
		JL1	JF1
断裂拉伸强度（MPa）	常温≥	7.5	4.0
	60℃≥	2.3	0.8
扯断伸长率（%）	常温≥	450	400
	−20℃≥	200	200
撕裂强度（kN/m）≥		25	18
不透水性，30min 无渗漏		0.3MPa	0.3MPa
低温弯折（℃）　≤		−40	−30
加热伸缩量（mm）	延伸<	2	2
	收缩<	4	4
热空气老化（80℃×168h）	断裂拉伸强度保持率%≥	80	90
	扯断伸长率保持率%≥	70	70
	100%伸长率外观	无裂纹	无裂纹
耐碱性［饱和 Ca(OH)₂ 溶液常温×168h］	断裂拉伸强度保持率%≥	80	80
	扯断伸长率保持率%≥	80	90
臭氧老化（40℃×168h）	伸长率 40%，500ppm	无裂纹	无裂纹

（3）聚氯乙烯（PVC）防水卷材

1）定义

聚氯乙烯防水卷材是以聚氯乙烯树脂为主体材料，溶液加入适量的增塑剂、改性剂、填充剂、抗氧剂、紫外线吸收剂和其他加工助剂，如润滑剂、着色剂等，经过捏合、高速混合、造粒、塑料挤出和压延牵引等工艺制成的一种高档防水卷材。

2）性能特点及应用

聚氯乙烯防水卷材的特点是：拉伸强度高、伸长率好，热尺寸变化率低；抗撕裂强度高，能提高防水层的抗裂性能；耐渗透、耐化学腐蚀、耐老化；可焊接性好，即使经数年风化，也可焊接，在卷材正常使用范围内，焊缝牢固可靠；低温柔性好；有良好的水汽扩散性，冷凝物易排释，留在基层的湿气易排出；施工操作简便、安全、清洁、快速，而且原料丰富，防水卷材价格合理，易于选用。

聚氯乙烯防水卷材的适用范围：适用于各种工业、民用建筑新建或翻修建筑物、构筑物外露或有保护层的工程防水，以及地下室、隧道、水库、水池、堤坝等土木建筑工程防水。

3）规格型号、性能指标

PVC防水卷材分均质和复合型两个品种，前者为单一的PVC片材，后者指有纤维毡或纤维织物增强的片材。按产品的组成分为均质卷材（代号 H）、带纤维背衬卷材（代号 L），织物内增强卷材（代号 P）、玻璃纤维内增强卷材（代号 G）、玻璃纤维内增强带纤维背衬卷材（代号 GL）。

PVC卷材公称长度规格为 15m、20m、25m；公称宽带规格为：1.00m、2.00m；厚度规格为 1.20mm、1.50mm、1.80mm、2.00mm。

PVC卷材性能指标见表2-4。

PVC 卷材材料性能指标　　　　表 2-4

序号	项　目		指　标				
			H	L	P	G	GL
1	中间胎基上面树脂层厚度/mm　≥		—		0.40		
2	拉伸性能	最大拉力/（N/cm）　≥	—	120	250	—	120
		拉伸强度/MPa　≥	10.0	—	—	10.0	—
		最大拉力时伸长率/%　≥	—	—	15	—	—
		断裂伸长率/%　≥	200	150	—	200	100
3	热处理尺寸变化率/%　≤		2.0	1.0	0.5	0.1	0.1
4	低温弯折性		−25℃无裂纹				
5	不透水性		0.3MPa，2h 不透水				
6	抗冲击性能		0.5kg·m，不渗水				
7	抗静态荷载		—	—	20kg 不渗水		

序号	项 目		指 标				
			H	L	P	G	GL
8	接缝剥离强度/（N/mm） ≥		4.0 或 卷材破坏		3.0		
9	直角撕裂强度/（N/mm） ≥		50	—	—	50	
10	梯形撕裂强度/N ≥		—	150	250	—	220
11	吸水率（70℃，168h）/%	浸水后≤	4.0				
		晾置后≥	−0.40				
12	热老化（80℃）	时间/h	672				
		外观	无起泡、裂纹、分层、粘结、孔洞				
		最大拉力保持率/% ≥	—	85	85	—	85
		拉伸强度保持率/% ≥	85	—	—	85	—
		最大拉力时伸长率保持率/%≥	—	—	—	80	—
		断裂伸长率保持率/% ≥	80	80	—	80	80
		低温弯折性	−20℃无裂纹				

（4）氯化聚乙烯防水卷材

1）定义及性能特点

氯化聚乙烯防水卷材是以氯化聚乙烯树脂为主要原料，加入适量的化学助剂和一定量的填充材料，采用塑料或橡胶的加工工艺，经捏合、塑炼、压挤、取卷、检验、包装等工序加工制成的防水卷材。

氯化聚乙烯防水卷材具有良好的防水、耐油、耐腐蚀及阻燃性能。有多种色彩，较好的耐候性，冷粘结作业，施工方便，在国内属中档防水卷材。

2）规格、型号、物理性能

氯化聚乙烯防水卷材按有无复合层分类，无复合层的为 N 类、用纤维单面复合的为 L 类、织物内增强的为 W 类。每类产品按理化性能分为Ⅰ型和Ⅱ型。其厚度规格为 1.2mm、1.5mm、

2.0mm，宽度有 900mm、1000mm、1200mm、1500mm 四种。

氯化聚乙烯防水卷材的物理性能应符合 GB 12593—2007 标准要求，N 类无复合层的卷材理化性能见表 2-5，L 类纤维单面复合及 W 类织物内增强的卷材应符合表 2-6 的规定。

N 类卷材理化性能　　　　　　　　　　　　　表 2-5

序号	项　　目		Ⅰ型	Ⅱ型
1	拉伸强度/MPa ≥		5.0	8.0
2	断裂伸长率/% ≥		200	300
3	热处理尺寸变化率/% ≤		3.0	纵向 2.5 横向 1.5
4	低温弯折性		−20℃无裂纹	−25℃无裂纹
5	抗穿孔性		不渗水	
6	不透水性		不透水	
7	剪切状态下的粘合性/（N/mm）≥		3.0 或卷材破坏	
8	热老化处理	外观	无起泡、裂纹、粘结、孔洞	
		拉伸强度变化率/%	+50 −20	±20
		断裂伸长率变化率/%	+50 −30	±20
		低温弯折性	−15℃无裂纹	−20℃无裂纹
9	耐化学侵蚀	拉伸强度变化率/%	±30	±20
		断裂伸长率变化率/%	±30	±20
		低温弯折性	−15℃无裂纹	−20℃无裂纹
10	人工气候加速老化	拉伸强度变化率/%	+50 −20	±20
		断裂伸长率变化率/%	+50 −30	±20
		低温弯折性	−15℃无裂纹	−20℃无裂纹

注：非外露使用可以不考核人工气候加速老化性能。

序号	项目		Ⅰ型	Ⅱ型
1	拉力/（N/cm）　≥		70	120
2	断裂伸长率/%　≥		125	250
3	热处理尺寸变化率/%　≤		1.0	
4	低温弯折性		−20℃无裂纹	−25℃无裂纹
5	抗穿孔性		不渗水	
6	不透水性		不透水	
7	剪切状态下的粘合性/（N/mm）　≥	L 类	3.0 或卷材破坏	
		W 类	6.0 或卷材破坏	
8	热老化处理	外观	无起泡、裂纹、粘结、孔洞	
		拉力/（N/cm）　≥	55	100
		断裂伸长率/%　≥	100	200
		低温弯折性	−15℃无裂纹	−20℃无裂纹
9	耐化学侵蚀	拉力/（N/cm）　≥	55	100
		断裂伸长率%　≥	100	200
		低温弯折性	−15℃无裂纹	−20℃无裂纹
10	人工气候加速老化	拉力/（N/cm）　≥	55	100
		断裂伸长率/%	100	200
		低温弯折性	−15℃无裂纹	−20℃无裂纹

注：非外露使用可以不考核人工气候加速老化性能。

（5）氯化聚乙烯-橡胶共混防水卷材

1）定义

氯化聚乙烯-橡胶共混防水卷材是以氯化聚乙烯树脂和橡胶共混为主体，加入适量软化剂、防老剂、稳定剂、硫化剂和填充剂，经捏合、混炼、过滤、挤出或压延成型、硫化、检验、包装等工序加工制成的防水卷材。

2）性能特点及应用

氯化聚乙烯-橡胶共混防水卷材具有氯化聚乙烯的高强度和优异的耐臭氧性、耐老化性能，而且具有橡胶类材料所特有的高弹性和优异的耐低温性、高延伸性。故被称为一种高分子"合金"。该卷材可采用冷施工，工艺简单，操作方便，劳动效率高。

氯化聚乙烯-橡胶共混防水卷材广泛适用于屋面外露用工程防水、非外露用工程防水、地下室外防外贴法或外防内贴法施工的防水工程，以及地下室、桥梁、隧道、地铁、污水池、游泳池、堤坝和其他土木建筑工程防水。

3）规格、品种及物理性能

产品为硫化匀质型。宽度有 1.0m 和 1.2m 两种，厚度分 1.0mm、1.2mm、1.5mm、1.8mm、2.0mm 五种。每卷长度不小于 20m。其物理性能见表 2-7。

氯化聚乙烯-橡胶共混防水卷材物理力学性能 表 2-7

项　目		指标
		JL2
断裂拉伸强度，（MPa）	常温≥	6.0
	60℃≥	2.1
扯断伸长率，%	常温≥	400
	−20℃≥	200
撕裂强度（kN/m）≥		24
不透水性，30min，不渗漏		0.3MPa
低温弯折（℃）≤		−30
加热伸缩量（mm）	延伸<	2
	收缩<	4
热空气老化80℃，168h	断裂拉伸强度保持率（%）≥	80
	扯断伸长率保持率（%）≥	70
	100%伸长率外观	无裂纹
耐碱性 [10%Ca(OH)$_2$常温×168h]	断裂拉伸强度保持率（%）≥	80
	扯断伸长率保持率（%）≥	80
臭氧老化（40℃×168h）	伸长率（20%，500phm）	无裂纹

4. 防水卷材的质量检验

（1）防水卷材必须有出厂合格证和检验报告。

（2）进场后，按要求进行现场抽样复验，合格后，方可使用。大于1000卷抽5卷，每500～1000卷抽4卷，100～499卷抽3卷，100卷以下抽2卷，进行规格尺寸和外观质量检验。在外观质量检验合格的卷材中，任取一卷做物理性能检验，合格后出正式检验报告。

（二）建筑防水涂料

防水涂料是一种流态或半流态物资，涂刷在基层表面，经溶剂或水分挥发，或各组分间的化学反应，形成一定弹性的薄膜，使表面与水隔绝，起到防水、防潮作用。

防水涂料和防水卷材相比其优点是：适合于形状复杂、节点繁多的作业面；整体性好，可形成无接缝的连续防水层；冷施工，操作方便；易于对渗漏点作出判断与维修。

防水涂料的缺点是：膜层厚度不一致，而卷材是工厂生产，厚度均匀；涂膜成型受环境温度制约，溶剂型涂料施工气温宜为−5～35℃，水乳型涂料施工气温宜为5～35℃；膜层的力学性能受成型环境的温度和湿度影响。

建筑防水涂料的种类与品种较多，其分类和常用的品种见表2-8。

1. 沥青基防水涂料

沥青防水涂料是以石油沥青为基料，掺加无机填料和助剂而制成的低档防水涂料。按其类型可分为溶剂型和水乳型，按其使用目的可制成薄质型和厚质型。该类防水涂料生产方法简单，产品价格低廉。

（1）溶剂型沥青防水涂料

溶剂型沥青防水涂料是将未改性石油沥青用有机溶剂（溶剂油）充分溶解而成，因其性能指标较低，在生产中控制一定的含

固量，通常为薄质型，一般主要作为 SBS、APP 改性沥青防水
卷材的基层处理剂，混凝土基面防潮、防渗或低等级建筑防水
工程。

防水涂料的分类和常用品种

表 2-8

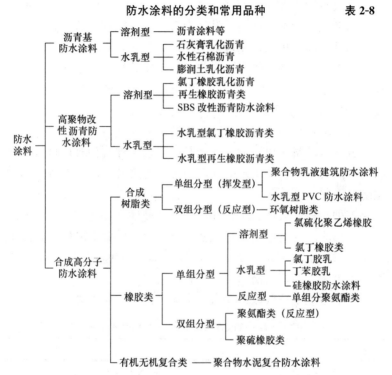

（2）水乳型沥青防水涂料

水乳型沥青防水涂料是将未改性的石油沥青作为基料，以水
为分散介质，加入无机填料、分散剂等有关助剂，在机械强力搅
拌作用下，制成的水乳型沥青乳液防水涂料。该类厚质防水涂料
有水性石灰乳化沥青防水涂料、水性石棉沥青防水涂料、膨润土
沥青乳液防水涂料。此类防水涂料成本低，无毒，无味，可在潮
湿基层上施工，有良好的粘接性，涂层有一定透气性。但成膜物
是未改性的石油沥青、矿物乳化剂和填料，固化后弹性和强度较
低。使用时需相当厚度才能起到防水作用。

2. 高聚物改性沥青防水涂料

高聚物改性沥青防水涂料通常是用再生橡胶、合成橡胶、SBS 或树脂对沥青进行改性而制成的溶剂型或水乳型涂膜防水材料。通过对沥青改性的防水涂料，具有高温不流淌、低温不脆裂、耐老化、增加延伸率和粘结力等性能，能够显著提高防水涂料的物理性能，扩大应用范围。

高聚物改性沥青防水涂料包括氯丁橡胶沥青防水涂料（水乳型和溶剂型两类）、再生橡胶沥青防水涂料（水乳型和溶剂型两类）、SBS 改性沥青防水涂料等种类。

（1）溶剂型氯丁橡胶改性沥青防水涂料

该防水涂料是以石油沥青为基料，氯丁橡胶为改性材料，加入适量的无机填料、增塑剂和溶剂等，经溶解、混合而成的溶剂型防水涂料。

该种涂料耐候性、耐腐蚀性强，延伸性好，适应基层变形能力强；形成涂膜的速度快且致密完整，可在低温下冷施工，简单方便。适用于混凝土屋面防水，地下室、卫生间等防水防潮工程，也可用于旧建筑防水维修及管道防腐。

溶剂型氯丁橡胶改性沥青防水涂料技术性能见表 2-9。

溶剂型氯丁橡胶改性沥青防水涂料技术性能　　　表 2-9

项目	指　　　标
干燥性	20±2℃，湿度 65±5%，表干 2.5h，实干 10 h
耐热性	80±2℃试件垂直放置，无流淌、下滑、脱落现象
低温柔性	−20℃时绕 ϕ10 棒半周，涂膜无裂纹剥落现象
不透水性	动水压 0.1MPa，30min 不透水
抗裂性	20±2℃，涂膜 0.30～0.4mm，基层裂缝宽 0.2mm 时不开裂
耐酸碱性	20℃饱和 Ca(OH)$_2$ 溶液，2%硫酸溶液浸泡 15d 无剥落起泡、斑点、分层起皱现象

（2）水乳型氯丁橡胶改性沥青防水涂料

又称氯丁胶乳沥青防水涂料，是以阳离子氯丁胶乳和阳离子石油沥青乳液混合，稳定分散在水中而制成的一种水乳型防水涂料。

该种涂料的特点是：耐酸、碱性能好，有良好的抗渗透性、气密性和抗裂性；成膜快、强度高，防水涂膜耐候性、耐高温和低温性好；无毒、无味、不污染环境；施工安全、操作方便、可冷施工，可采用刮涂、滚刷或喷涂等方法。

该种涂料适用于屋面、厕浴间、天沟、防水层和屋面隔汽层；地下室防水、防潮隔离层；斜沟、天沟、建筑物间连接缝等非平面防水层等。其技术性能见表 2-10。

水乳型氯丁橡胶改性沥青防水涂料技术性能　　　表 2-10

项　目	指　标
外观	深棕乳状液
黏度	0.1~0.25Pa·s
涂膜干燥度	表干 4h，实干 24h
耐热度	80℃，5h 无变化
粘结强度	≥0.2MPa
低温柔性	-10℃，2h，φ10 棒绕无断裂
不透水性	动水压 0.1MPa，30min 不透水
抗裂性	基层裂缝宽度≥0.2mm 时不裂
抗老化性	人工老化 27 周，LH-Ⅰ型老化仪 24h 为一周期，无明显龟裂

（3）水乳型再生橡胶沥青防水涂料

水乳型再生橡胶沥青防水涂料是由阳离子型再生胶乳和沥青乳液混合，稳定分散在水中而形成的一种乳液状防水涂料。

这种涂料具有良好的相容性；克服了沥青热淌冷脆的缺陷；具有一定的柔韧性、耐高低温、耐老化性能；可冷施工，无毒无污染，操作方便，可在潮湿基层上施工；原料来源广泛、价格低。但气温低于 5℃时不宜施工。

水乳型再生胶沥青防水涂料技术性能见表 2-11。

水乳型再生胶沥青防水涂料技术性能　　　　　表 2-11

项　目	指　标
耐热性	80℃，5 h 无变化
耐碱性	饱和 Ca(OH)$_2$ 溶液浸泡 15d 无变化
不透水性	动水压 0.1MPa，30min 不透水
粘结性	∞字模法粘结强度＜0.23MPa
低温柔性	−15℃φ10 圆棒绕，无裂纹
抗裂性	基层开裂 1.7mm，涂膜不开裂
涂膜干燥时间	表干≥4h，实干≥24h

（4）溶剂型再生橡胶沥青防水涂料

溶剂型再生橡胶沥青防水涂料是以再生橡胶、沥青和汽油为主要原料，加入填充料，经油法再生及研磨制浆等工艺制成的防水涂料。

该涂料具有较好的耐水性、抗裂性，高温不流淌，低温不脆裂，弹塑性能良好，有一定的耐老化性，干燥速度快，操作方便，可在负温下施工。适用于工业与民用建筑混凝土屋面防水层、地下室、水池、冷库、地坪等的抗渗、防潮以及旧油毡屋面的维修和翻修。该涂料比较适合表面变形较大的节点及接缝处，同时应配用嵌缝材料，才能收到更好的效果。

溶剂型再生橡胶沥青防水涂料的技术性能见表 2-12。

溶剂型再生橡胶沥青防水涂料技术性能　　　　表 2-12

项　目	试验条件	指　标
粘结强度	20±2℃，八字模法测抗拉强度	＞0.2MPa
耐热性	80±2℃，5h	无流淌、脱落、下滑
低温柔性	−10℃绕 φ10 棒，180°	无网纹、裂纹、剥落
耐碱性	20℃，饱和 Ca(OH)$_2$ 溶液，15d	无剥落、起泡、分层起皱
耐酸性	1%硫酸溶液，15d	无剥落、起泡、斑点、分层起皱

项 目	试验条件	指 标
不透水性	动水压 0.1MPa，30min	不透水
干燥性	20±2℃，湿度 65±5%	表干 2.5 h，实干 10 h
抗裂性	20±2℃，涂膜厚 0.3～0.4mm，基层裂缝宽不小于 0.2mm 时	涂膜不开裂

（5）SBS 改性沥青防水涂料

有水乳型和溶剂型二种：水乳型是以石油沥青为基料，用 SBS 橡胶对沥青进行改性，再以膨润土等作为分散剂，在机械强烈搅拌下制成的膏状涂料；溶剂型是以石油沥青为基料，掺入 SBS 橡胶和溶剂在机械搅拌下混合成的防水涂料。

SBS 改性沥青防水涂料的防水性能、低温柔韧性、抗裂性、粘结性良好；可冷施工，操作简便，无毒，安全，是一种较理想的中档防水涂料。适用于屋面、地面、卫生间、地下室等复杂基层的防水工程，特别适用于寒冷地区的工程。

SBS 改性沥青防水涂料的技术性能见表 2-13。

SBS 改性沥青防水涂料的技术性能　　　　　表 2-13

项目	指 标
外观	黑色黏稠液体
固体性	≥50%
粘结性	与水泥砂浆粘结强度≥0.3MPa
耐热性	80±2℃，5h 垂直放置，不起泡、起层、脱落
抗裂性	−20±2℃涂膜厚 0.3～0.4mm，涂膜不裂的基层裂缝宽≥1 mm
不透水性	动水压 0.2MPa，30min，不透水；静水压 ϕ60 玻管，水柱高 40mm，100d，不透水
人工老化	水冷氙灯照射 300h，无异常
耐酸碱性	20±2℃，1% H_2SO_4 溶液、饱和 $Ca(OH)_2$ 溶液浸泡 30d 无异常
耐湿性	湿度 90%，温度 35～40℃，100d，无异常

3. 合成高分子防水涂料

合成高分子防水涂料是以合成橡胶或合成树脂为主要成膜物质,加入其他辅料配制而成的单组分或多组分防水涂料。

合成高分子防水涂料包括聚氨酯防水涂料、丙烯酸酯防水涂料、硅橡胶防水涂料、聚合物水泥防水涂料等品种。

(1) 聚氨酯防水涂料

聚氨酯防水涂料有双组分反应固化形和单组分湿固化形。双组分聚氨酯防水涂料中,甲组分为聚氨酯预聚体,乙组分为含有催化剂、交联剂、固化剂、填料、助剂等的固化组分。现场将甲、乙组分按规定配比混合均匀,涂覆后经固化反应形成高弹性膜层。双组分聚氨酯防水涂料又分为沥青基聚氨酯防水涂料(适用于隐蔽防水工程)和纯聚氨酯防水涂料(一般为彩色,侧重外露防水工程),为了区别于煤焦油基聚氨酯防水涂料,也常将这类涂料统称为非焦油基聚氨酯防水涂料。单组分有沥青基的、溶剂型纯聚氨酯的、纯聚氨酯以水为稀释剂的等。煤焦油基的双组分和单组分产品都已被淘汰。

聚氨酯防水涂料的特点:具有橡胶状弹性,延伸性好,抗拉强度和抗撕裂强度高;具有良好的耐酸、耐碱、耐腐蚀性;施工操作简便,对于大面积施工部位或复杂结构,可实现整体防水涂层。

聚氨酯防水涂料适用于屋面、地下室、厕浴间、游泳池、铁路、桥梁、公路、隧道、涵洞等防水工程。

聚氨酯防水涂料的主要物理性能指标见表 2-14。

聚氨酯防水涂料物理性能   表 2-14

项　目		指　标	
		一等品	合格品
拉伸强度(MPa),大于		2.45	1.65
断裂时的延伸率(%),大于		450	350
加热伸缩率(%),小于	伸长	1	
	缩短	4	6

项 目		指 标	
		一等品	合格品
拉伸时的老化	加热老化	无裂缝及变形	
	紫外线老化	无裂缝及变形	
低温柔性（℃）		−35 无裂纹	−30 无裂纹
不透水性，0.3MPa，30min		不渗漏	
固体含量（%）		≥94	
适用时间（min）		≥20，黏度不大于 10^5 MPa·s	
涂膜表干时间（h）		≤4 不粘手	
涂膜实干时间（h）		≤12 无粘着	

（2）丙烯酸酯防水涂料

丙烯酸酯防水涂料是以丙烯酸乳酸为基料，掺加合成橡胶乳液改性剂、表面活性剂、增塑剂、成膜助剂、防霉剂、颜料及填料而制成的一种水乳型、无毒、无味、无污染的单组分建筑防水涂料。

丙烯酸酯防水涂料以水为稀释剂，无溶剂污染，不燃，无毒，能在多种材质表面直接施工。涂膜后可形成具有高弹性、坚韧、无接缝、耐老化、耐候性优异的防水涂膜，并可根据需要加入颜料配制成彩色涂层，美化环境。

丙烯酸弹性防水涂料可在潮湿或干燥的混凝土、砖石、木材、石膏板、泡沫板等基面上直接涂刷施工。还适用于新旧建筑物及构筑物的屋面、墙面、室内、卫生间等工程，以及非长期浸水环境下的地下工程、隧道、桥梁等防水工程。其物理性能见表2-15。

丙烯酸酯防水涂料物理性能　　　　表2-15

项 目		指 标
拉伸强度（MPa）	无处理	0.78
	加热处理	无处理的 145%
	紫外线处理	无处理的 205%
	碱处理	无处理的 75%
	酸处理	无处理的 82%

项 目		指 标
断裂时的延伸率（%）	无处理	868
	加热处理	600
	紫外线处理	285
	碱处理	430
	酸处理	556
低温柔性（℃）	加热处理	－25
	紫外线处理	－25
不透水性（MPa）	无处理	0.2、30min 不透水
加热缩短率（%）	热处理	2.3
低温贮存稳定性	三个循环	未见凝固、离析现象

（3）硅橡胶防水涂料

硅橡胶防水涂料是以硅橡胶乳液及其他乳液的复合物为主要基料，掺入无机填料（如碳酸钙、滑石粉等）及各种助剂（如酯类增塑剂、消泡剂等）配制而成的乳液型防水涂料。

该涂料兼有涂膜防水和浸透性防水材料两者的优良性能，具有良好的防水性、渗透性、成膜性、弹性、粘结性和耐高温性。适应基层的变形能力强，能渗入基层与基底粘结牢固。修补方便，凡在施工遗漏或出现被损伤处可直接涂刷。适用于地下室、卫生间、屋面及各类贮水、输水构筑物的防水、防渗及渗漏工程修补。其技术性能见表 2-16。

硅橡胶防水涂料的物理力学性能 　　　　　表 2-16

项 目	指 标
外观	白色或其他浅色
含固量	66%
抗渗性	迎水面 1.1～1.5MPa，背水面 0.3～0.5MPa
渗透性	可渗入基底约 0.3mm 左右

续表

项　目	指　标
抗裂性	4.5～6mm（涂膜厚0.4～0.5mm）
延伸率	640%～1000%
低温柔性	−30℃合格
粘结强度	0.57MPa
扯断强度	2.2MPa
耐热性	100±1℃，6h，不起鼓、不脱落
耐老化	人工老化168h，不起皱、不起鼓、不脱落，延伸率达530%

（4）聚合物水泥防水涂料

聚合物水泥防水涂料也称JS复合防水涂料，是由有机液体料（如聚丙烯酸酯、聚醋酸乙烯乳液及各种添加剂组成）和无机粉料（如高铝高铁水泥、石英粉及各种添加剂组成）复合而成的双组分防水涂料，是一种具有有机材料弹性高又有无机材料耐久性好等优点的新型防水材料，涂覆后可形成高强坚韧的防水涂膜，并可根据需要配制成各种彩色涂层。

聚合物水泥防水涂料的特点是：涂层坚韧高强，耐水性、耐久性好；无毒、无味、无污染，施工简便、工期短，可用于饮水工程；可在潮湿的多种材质基面上直接施工，抗紫外线性能、耐候性能、抗老化性能良好，可作外露式屋面防水；掺加颜料，可形成彩色涂层；在立面、斜面和顶面上施工不流淌，适用于有饰面材料的外墙、斜屋面防水，表面不沾污。

聚合物水泥防水涂料的适用范围：可在潮湿或干燥的各种基面上直接施工，如：砖石、砂浆、混凝土、金属、木材、泡沫板、橡胶、沥青等；用于各种新旧建筑物及构筑物防水工程，如屋面、外墙、地下工程、隧道、桥梁、水库等；调整液料与粉料比例为腻子状，也可作为粘结、密封材料，用于粘贴马赛克、瓷砖等。

产品分为Ⅰ型和Ⅱ型。Ⅰ型适用于非长期浸水的环境，Ⅱ型

35

适用于长期浸水的环境。其物理力学性能见表 2-17。

聚合物水泥防水涂料的物理力学性能　　　　表 2-17

试验项目		技术指标	
		Ⅰ型	Ⅱ型
固体含量（%），≥		65	
干燥时间	表干时间（h），≤	4	
	实干时间（h），≤	8	
拉伸强度（MPa），≥		1.2	1.8
断裂伸长率（%），≥		200	80
低温柔性，φ10mm 棒		−10℃无裂纹	—
不透水性，0.3MPa，30min		不透水	不透水
潮湿基面粘结强度（MPa），≥		0.5	1.0
抗渗性（背水面）（MPa），≥		—	0.6

4. 防水涂料的质量检验

（1）防水涂料的品种、类型必须符合设计要求，有出厂合格证及产品检验报告，进场后按要求进行抽样复检，合格后才能进行施工。

（2）同一规格、品种防水涂料，每 10t 为一批，不足 10t 者按一批进行抽检。胎体增强材料每 3000m² 为一批，不足 3000m² 者按一批进行抽检。

（3）检验的内容指标按产品对应的国家标准进行。一般沥青基类和高聚物改性沥青类防水涂料应检验固体含量、耐热性、低温柔性、不透水性和断裂伸长率或抗裂性等指标；合成高分子防水涂料应检验固体含量、拉伸强度、断裂伸长率、低温柔性、不透水性等五项指标；胎体增强材料应检验拉伸性能和延伸率。

（4）抽验项目中如有一项指标不合格，应在受检项目中加倍取样复检，全部达到标准规定为合格，否则，即为不合格产品。

（三）建筑防水密封材料

建筑密封材料是指填充于建筑物的接缝、裂缝、门窗框、玻璃周边及管道接头或其他结构物的连接处，起水密、气密作用的材料。

建筑密封材料按其外观形状可分为定形密封材料（如密封带、止水带、密封条）与不定型密封材料（各种密封胶、嵌缝膏），按其基本原料主要分为改性沥青密封材料和高分子密封材料两大类。详见表2-18。

建筑密封材料分类及常见产品　　　　　　　表2-18

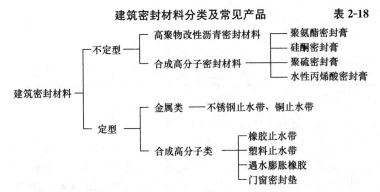

1. 改性沥青密封材料

（1）建筑防水沥青嵌缝油膏

建筑防水沥青嵌缝油膏是以石油沥青为基料，加入橡胶（SBS）、废橡胶粉、稀释剂、填充料等热熔共混而成的黑色油膏，是使用较久的低档密封材料。可冷用嵌填，用于建筑的接缝、孔洞、管口等部位的防水防渗。该材料按耐热度和低温柔性分702和801两个型号。

建筑防水沥青嵌缝油膏物理性能见表2-19。

建筑防水沥青嵌缝油膏物理性能　　　　　　表2-19

序号	项目		技术指标	
			702	801
1	密度（g/cm³），≥		规定值±0.1	
2	施工度（mm），≥		22.0	20.0
3	耐热度	温度（℃）	70	80
		下垂值（mm），≤	4.0	

续表

序号	项　目		技术指标	
			702	801
4	低温柔性	温度（℃）	－20	－10
		粘结状况	无裂纹和剥离现象	
5	拉伸粘结性（%），≥		125	
6	浸水后粘结性（%），≥		125	
7	渗出性	渗出幅度（mm），≤	5	
		渗出张数（张），≤	4	
8	挥发性（%），≤		2.8	

注：规定值由生产商提供或供需双方商定。

（2）聚氯乙烯建筑防水接缝材料

聚氯乙烯建筑防水接缝材料，是以聚氯乙烯树脂为基料，加以适量的改性材料及其他添加剂配置而成的密封材料。按施工工艺的不同分为热塑型（指聚氯乙烯胶泥）与热熔型两种；按耐热性和低温柔性分为 802 和 703 两个标号。

该材料具有良好的粘结性和防水性；弹性较好，能适应振动、沉降、拉伸等引起的变形要求，保持接缝的连续性，在－20℃及－30℃温度下不脆、不裂，仍有一定弹性；有较好的耐腐蚀性和耐老化性，对钢筋无腐蚀作用；耐热度大于 80℃，夏季不流淌，不下垂，适合各地区气候条件和各种坡度。可用于各类工业与民用建筑屋面接缝节点的嵌填密封，屋面裂缝的防渗漏、修补。

聚氯乙烯建筑防水接缝材料的技术性能见表 2-20。

聚氯乙烯建筑防水接缝材料的技术性能　　表 2-20

项　目		标　号	
		802	703
耐热性	温度（℃）	80	70
	下垂值（mm）	<4	

38

项　目		标　号	
		802	703
低温柔性	温度（℃）	−20	−30
	柔性	合格	
粘结延伸率（%）		≥250	
浸水粘结延伸率（%）		≥200	
回弹率（%）		≥80	
挥发率（%）		≥3	

注：挥发率仅限于热熔型聚氯乙烯接缝材料。

2. 合成高分子密封材料

合成高分子密封材料以弹性聚合物或其溶液、乳液为基础，添加改性剂、固化剂、补偿剂、颜料、填料等经均化混合而成。在接缝中依靠化学反应固化或与空气中的水分交联固化或依靠溶剂、水分蒸发固化，成为稳定粘接密封接缝的弹性体。产品按聚合物分类有硅酮、聚氨酯、聚硫、丙烯酸等类型。

（1）水乳型丙烯酸建筑密封膏

水乳型丙烯酸建筑密封膏，是以丙烯酸酯乳液为基料，加入少量表面活性剂、增塑剂、改性剂以及填充料、颜料等配制而成的。

该类产品以水为稀释剂，无溶剂污染、无毒、不燃；有良好的粘结性、延伸性、施工性、耐热性及抗大气老化性，优异的低温柔性；可在潮湿基层上施工，操作方便，可与基层配色，调制成各种不同色彩，无损装饰。

其技术性能见表 2-21。

（2）聚氨酯建筑密封膏

聚氨酯密封膏是以聚氨酯预聚体为基料和含有活性氢化合物的固化剂组成的一种常温固化型弹性密封膏。产品分单组分、双组分两种，品种分非下垂和自流平两种。

水乳型丙烯酸建筑密封膏的技术性能　　　　　　　　　　　表 2-21

项目 \ 标准等级	丙烯酸建筑密封膏		
	优等品	一等品	合格品
密度（g/cm³）	规定值±0.1		
挤出性（mL/min）	≥100	≥100	≥100
表干时间（h）	≤24	≤24	≤24
渗出性（指数）	≤3	≤3	≤3
干垂度（mm）	≤3	≤3	≤3
初期耐水性	未见混浊液		
低温贮存稳定性	未见凝固，离析现象		
收缩率（%）	≤30	≤30	≤30
低温柔性（℃）	－40	－30	－20
拉伸粘结性　最大拉伸强度（MPa）	0.02～0.15	0.02～0.15	0.02～0.15
拉伸粘结性　最大延伸率（%）	≥400	≥250	≥150
恢复率（%）	≥75	≥70	≥65
拉伸—压缩循环性能　级别	7020	7010	7005
拉伸—压缩循环性能　平均破坏面积（%）	≤25		

　　聚氨酯密封膏模量低、延伸率大、弹性高、具有良好的粘结性、耐油、耐低温性能，耐伸缩疲劳，可承受较大的接缝位移。

　　双组分无焦油聚氨酯建筑密封膏的性能见表 2-22。

聚氨酯建筑密封膏技术性能　　　　　　　　　　　表 2-22

序号	项目		指标		
			20HM	25LM	20LM
1	密度（g/cm³）		规定值±0.1		
2	表干时间（h）		≤24		
3	流动性	下垂度（N 型）mm	≤3		
3	流动性	流平性（L 型）	光滑平整		
4	挤出性[1]（mL/min）		≥80		

序号	项　目		指　标		
			20HM	25LM	20LM
5	适用期[2)]（h）		≥1		
6	弹性恢复率（％）		≥70		
7	拉伸模量（MPa）	23℃	＞0.4 或 ＞0.6	≤0.4 和≤0.6	
		−20℃			
8	定伸粘结性		无破坏		
9	浸水后定伸粘结性		无破坏		
10	冷拉-热压后的粘结性		无破坏		
11	质量损失率（％）		≤7		

注：1）此项仅适用于单组分产品。

　　2）此项仅适用于多组分产品，允许采用供需双方商定的其他指标值。

（3）聚硫建筑密封膏

聚硫建筑密封膏是以液态聚硫橡胶为基料和金属过氧化物等硫化剂反应，常温下固化的一种双组分密封材料。产品按位移能力分为 25、20 两个级别；按拉伸模量分为高模量（HM）和低模量（LM）两个次级别；按流变分为非下垂和自流平两种。

聚硫建筑密封膏具有优异的耐候性，良好的气密性和水密性，使用温度范围广，低温柔性好，对金属、混凝土、玻璃、木材等材质都有良好的粘结力。

聚硫密封膏的技术性能见表 2-23。

聚硫密封膏技术性能　　　　　表 2-23

项　目	指　标		
	20HM	25LM	20LM
密度（g/cm³）	规定值±0.1		
适用期（h）	≥1		
表干时间（h）	≤24		
弹性恢复率（％）	≥70		

项　目		指　标		
		20HM	25LM	20LM
流变性	下垂度（N型）mm	≤3		
	流平性（L型）	光滑平整		
拉伸模量 （MPa）	23℃	＞0.4 或 ＞0.6	≤0.4 和≤0.6	
	−20℃			
定伸粘结性		无破坏		
浸水后定伸粘结性		无破坏		
冷拉-热压后的粘结性		无破坏		
质量损失率（%）		≤7		

注：适用期允许采用供需双方商定的其他指标值。

（4）硅酮建筑密封膏

硅酮建筑密封膏有单组分和双组分两种。单组分型系以有机硅氧烷聚合物为主要成分，加入硫化剂、填料、颜料等成分制成。双组分型系把聚硅氧烷、填料、助剂、催化剂混合为一组分，交联剂为另一组分，使用时两组分按比例混合。

硅酮密封膏具有优异的耐热、耐寒性和较好的耐候性，与各种材料具有良好的粘结性能，而且伸缩疲劳性能、疏水性能亦良好，硫化后的密封膏在−50～+250℃范围内能长期保持弹性，使用后的耐久性和贮存稳定性都较好。

高模量硅酮密封膏主要用于建筑物的结构型密封部位，如高层建筑的玻璃幕墙、隔热玻璃粘结密封等。中模量硅酮密封膏除了具有极大伸缩性的接缝不能使用外，其他部位都可以使用。低模量硅酮密封膏主要用于建筑物的非结构型密封部位，如预制混凝土墙板、水泥板、大理石板、花岗岩的外墙接缝、混凝土与金属框架的粘结、卫生间及高速公路接缝的防水，密封。

3. 定型密封材料

指处理建筑物或地下构筑物接缝的材料。定型密封材料可分为刚性和柔性两大类。刚性类大多是金属材料，如钢或铜制的止水带和泛水。柔性类一般用天然或合成橡胶、聚氯乙烯及类似材料制成。用作密封条、止水带及其他嵌缝材料。遇水膨胀橡胶止水带则是在橡胶内掺加了高吸水性树脂，遇水时则体积迅速吸水膨胀，使缝隙堵塞严密。

4. 建筑防水密封材料的现场检验

进场的改性石油沥青密封材料应抽样复验施工度、耐热性、低温柔性和拉伸粘结性，取样规定以同一规格品种的材料每1t为一批，不足1t的按一批进行抽检。进场的合成高分子密封材料应抽样复检拉伸模量、断裂伸长率、定伸粘结性，取样规定以同一规格品种的材料每1t为一批，不足1t的按一批进行抽检。其他品种的密封材料按相关要求进行现场抽检。复验合格后方可用在工程上。

（四）刚性防水材料

刚性防水材料，是指以水泥、砂、石子为原料或掺加少量外加剂、高分子聚合物等材料，通过合理调整水泥砂浆、混凝土的配合比，减少或抑制孔隙率，改善孔隙结构特性，增加各材料界面间的密实性等方法配制而成的具有一定抗渗能力的水泥砂浆、混凝土两大类防水材料。

刚性防水材料具有防水作用，更主要的是还具有一定的防渗作用；材料具有较高的抗压强度，但抗拉强度低。刚性防水材料优点很多：可使结构承重和防水功能合二为一；抗冻、抗老化性能优越，提高防水耐久性；材料易取材，造价低，施工方便，基层潮湿条件下可正常施工；发生渗漏时，易查找修补；原材料为无机物，不燃烧，无味无毒。

一、防水混凝土

防水混凝土是采用调整配合比，掺外加剂或掺入膨胀剂，提高材料自身密实度、抗渗性能（抗渗压力≥0.6MPa）而满足防水功能要求的不透水混凝土。

常用的品种有：普通防水混凝土、外加剂防水混凝土、膨胀剂防水混凝土、纤维抗裂防水混凝土和聚合物水泥防水混凝土等。

1. 普通防水混凝土

普通防水混凝土是通过调整配合比、强化施工质量两个途径来提高材料的抗渗、防水能力的混凝土，不掺加外加剂。

配制对原材料的要求有：水泥强度≥42.5MPa，不能使用火山灰质水泥，水泥用量≥320kg/m³；砂宜用洁净中砂，砂中含泥量<2%；石子采用坚硬碎石或卵石，石中含泥量<1%；水采用自来水或饮用水，pH 值≥4，水中不得含有糖类、油类及有机物等有害物质。

2. 外加剂防水混凝土

外加剂防水混凝土是在混凝土中加入一定量的减水剂、引气剂、防水剂等外加剂，使其达到一定防水功能的混凝土。

3. 膨胀剂防水混凝土

在普通混凝土中加入适量膨胀剂，利用膨胀作用，配制成具有抗裂、抗渗性能的混凝土称为膨胀剂防水混凝土。

膨胀剂防水混凝土适用于一般建筑工程地下室防水工程，包括防水层做完之后的混凝土或钢筋混凝土底板与立墙自防水结构。

4. 纤维抗裂防水混凝土

纤维防水混凝土是指在混凝土中加入一定量的纤维而组成的一种刚性复合材料。纤维在混凝土中均匀分布，改善了内部因干缩而引起的定向拉应力，从而改变或消除了裂缝的贯通性，提高材料的防水能力。

5. 聚合物水泥混凝土

聚合物加入混凝土或砂浆中，形成弹性网膜混凝土、砂浆，并经化学作用加大了聚合物同水泥水化产物的粘结强度，提高了材料的抗拉、抗弯、抗裂性能，使材料达到一定的抗渗、防水功能要求。

二、防水砂浆

水泥防水砂浆抹面防水做法因为价格低廉、施工简便，故在工程中广泛采用。由于其为刚性防水材料，质脆，韧性差，耐候性差，易空鼓开裂，常造成防水质量下降现象，故常在水泥砂浆中掺入防水剂或聚合物材料进行改性，克服以上缺陷。

水泥防水砂浆按其材料成分不同，通常分为三类：普通防水砂浆、外加剂防水砂浆、聚合物防水砂浆。

（五）防水材料的选择和使用

对于不同部位的防水工程和不同的防水做法，对防水材料的性能要求也各有其侧重点。防水材料由于品种和性能各异，因此各有着不同的优缺点，也各具有相应的使用范围和要求。正确选择和合理使用建筑防水材料，是提高防水质量的关键，也是设计和施工的前提，选用防水材料应严格执行《建设事业"十一五"推广应用和限制禁止使用技术》的规定。在此基础上需要注意以下几个方面：

1. 材料的性能和特点

防水材料可分为柔性和刚性两大类。柔性防水材料拉伸强度高、伸长率大、质量小、施工方便，但操作技术要求较严，耐穿刺性和耐老化性能不如刚性材料。同是柔性材料，卷材为工厂化生产，厚薄均匀，质量比较稳定，施工工艺简单，功效高，但卷材搭接缝多，接缝处易脱开，应用于复杂表面及不平整基层施工难度大。而防水涂料的性能和特点与之恰好相反。同是卷材，合成高分子卷材、高聚物改性沥青卷材和沥青卷材也有不同的优缺点。由此可见，在选择防水材料时，必须注意其性能和特点。

2. 建筑物功能与外界环境要求

了解了各类防水材料的性能和特点后，还应根据建筑物结构类型、防水构造形式，以及节点部位、外界气候情况（包括温度、湿度、酸雨、紫外线等）、建筑物的结构形式（整浇或装配式）与跨度、屋面坡度、地基变形程度和防水层暴露情况等选定相适应的材料。表 2-24 可供在选择相适应材料时参考。

防水材料适用参考表　　表 2-24

材料使用情况	材料类别						
	合成高分子卷材	高聚物改性沥青卷材	沥青基卷材	合成高分子涂料	高聚物改性沥青涂料	细石混凝土防水	水泥砂浆防水
特别重要建筑物屋面	○	⊙	×	⊙	×	⊙	×
重要及高层建筑屋面	○	○	×	○	×	⊙	×
一般建筑屋面	△	○	△	△	※	○	※
有振动车间屋面	○	△	×	△	×	※	×
恒温恒湿屋面	○	△	×	○	×	△	△
蓄水种植屋面	△	△	×	⊙	⊙	○	△
大跨度结构建筑	○	△	※	※	※	×	×
动水压作用混凝土地下室	○	△	×	△	△	△	△
静水压作用混凝土地下室	○	△	※	○	△	△	△
静水压砖墙体地下室	○	△	×	△	△	△	○
卫生间	※	※	×	○	○	⊙	⊙
水池内防水	※	×	×	×	×	○	○
外墙面防水	×	×	×	○	○	△	○
水池外防水	△	△	△	△	△	⊙	○

注：○—优先使用；⊙—复合使用；※—有条件采用；△—可以采用；×—不应采用或不可采用。

3. 施工条件和市场价格

在选择防水材料时，还应考虑到施工条件和市场价格因素。例如合成高分子防水卷材可分为弹性体、塑性体和加筋的合成纤维三大类，不仅用料不同，而且性能差异也很大；同时还要考虑到所选用的材料在当地的实际使用效果如何；还应考虑到与合成高分子防水卷材相配套的胶粘剂、施工工艺等施工条件因素。

　　以上以防水卷材为例提出了选材的要求，同样防水涂料、密封材料也有很多品种和各种技术指标，其选材的要求与上述基本相同。选择材料时除了上面提到的几点以外，还应进一步考虑防水层能否适应基层的变形问题。

三、常用防水施工机具

常用的防水施工机具分为四大类，即：一般施工机具、热熔卷材施工机具、热焊接卷材施工机具和堵漏施工机具。

（一）一般施工机具

1. 小平铲（腻子刀）（图 3-1）：有软硬两种。软性适合于调制弹性密封膏，硬性适合于清理基层。
2. 扫帚：用于清扫基层。
3. 钢丝刷（图 3-2）：用于清除基层灰浆。

图 3-1　小平铲（腻子刀）　　　　图 3-2　钢丝刷

4. 油漆刷（图 3-3）：用于涂刷涂料。
5. 皮老虎（皮风箱）（图 3-4）：用于清扫接缝内的灰尘。

图 3-3　油漆刷　　　　　图 3-4　皮老虎

6. 铁桶、塑料桶（图 3-5）：用来装溶剂及涂料。
7. 电动搅拌器（图 3-6）：用于搅拌聚氨酯防水涂料，以及其他糊状材料。
8. 手压辊（图 3-7）：用于卷材施工时，复杂部位的压边。

ϕ40mm×100mm，钢制。

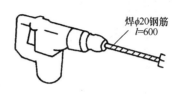

图 3-5　铁桶、塑料桶　　　　图 3-6　电动搅拌器

9. 手动挤压枪（图 3-8）、气动挤压枪（图 3-9）：用于嵌填筒装密封材料。

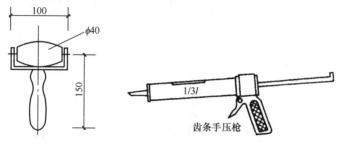

图 3-7　手压辊　　　　　　　图 3-8　手动挤压枪

10. 滚动刷（图 3-10）：用于涂刷涂料、胶粘剂等。规格：ϕ60mm×125mm、ϕ60mm×250mm。

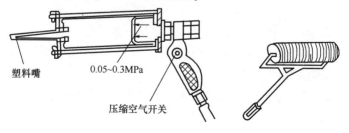

图 3-9　气动挤压枪　　　　　图 3-10　滚动刷

11. 磅秤（图 3-11）：用于计量。常用磅秤为 50kg。

12. 刮板（图 3-12）：木刮板、铁皮刮板、胶皮刮板三种，用于刮涂混合浆料如聚氨酯、"堵漏灵"等，胶皮刮板不能刮涂含溶剂的材料。

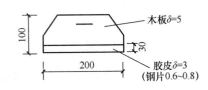

图 3-11　磅秤　　　图 3-12　刮板(木刮板、胶皮刮板、铁皮刮板)

13. 镏子（图 3-13）：用于密封材料表面修整，按需要自制。

14. 皮卷尺、钢卷尺（图 3-14、图 3-15）：用于度量尺寸。皮卷尺有：10、15、20、30、50（m）。钢卷尺有：1、2、3、5（m）。

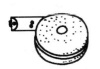

图 3-13　镏子　　　　图 3-14　皮卷尺　　　图 3-15　钢卷尺

15. 剪刀、壁纸刀：用于裁剪卷材、玻纤布。

16. 弹线包：卷材防水时弹线用。自制，将线绳用彩色粉状材料包起来即可。

17. 手掀泵灌浆设备（图 3-16）：用于建筑堵漏注浆。

18. 风压罐灌浆设备（图 3-17）：用于建筑堵漏注浆。

19. 气动注浆设备（图 3-18）：用于建筑堵漏注浆。

20. 电动注浆设备（图 3-19）：用于建筑堵漏注浆。

21. 注浆嘴（图 3-20）：注浆用，有四种形式。

22. 节能消烟沥青锅（图 3-21）：用于熬制沥青。

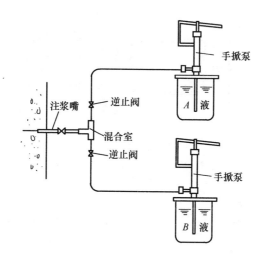

图 3-16　手掀泵灌浆设备

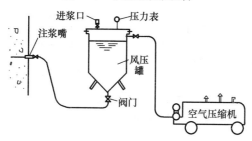

图 3-17　风压罐灌浆系统示意

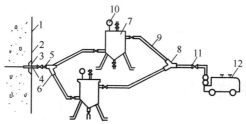

图 3-18　气动注浆设备

1—结构物；2—环氧胶泥封闭；3—活接头；4—注浆嘴；
5—高压塑料透明管；6—连接管；7—密封贮浆罐；8—三通；
9—高压风管；10—压力表；11—阀门；12—空气压缩机

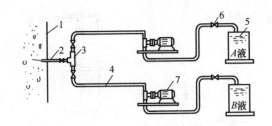

图 3-19 电动注浆设备

1—结构物；2—注浆嘴；3—混合室；

4—输浆管；5—贮浆罐；6—阀门；7—电动泵

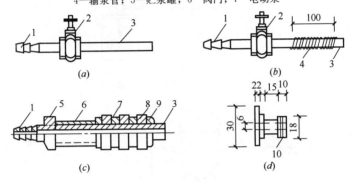

图 3-20 注浆嘴

(a) 埋入式；(b) 楔入式；(c) 压环式；(d) 贴面式

1—进浆口；2—阀门；3—出浆口；4—麻丝；5—螺母；

6—活动套管；7—活动压环；8—弹性橡胶圈；9—固定垫圈；10—丝扣

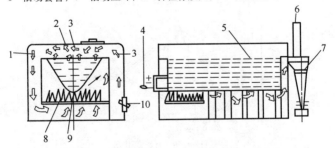

图 3-21 节能消烟沥青锅燃烧炉示意图

1—混合气；2—沥青烟；3—热空气；4—出油口；5—沥青；

6—烟；7—除尘器；8—火焰；9—煤；10—炉门

23. 沥青加热车（图 3-22）：是用 2～3mm 的薄钢板焊制而成的夹层箱式结构，具有保温功能，总重量约 150kg，一次可熔化沥青 350kg，并可连续添加。

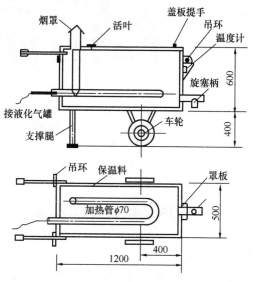

图 3-22　沥青加热车尺寸

24. 现场自制沥青锅灶（图 3-23）：用于熬制沥青胶结材料。

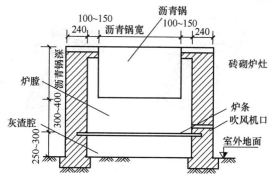

图 3-23　现场自制沥青锅灶大样

25. 鸭嘴壶（图 3-24）：用于浇灌沥青胶结料。

26. 加热保温沥青车（图 3-25）：用于冬季运输沥青胶结料。

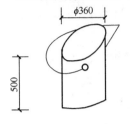

图 3-24 鸭嘴壶

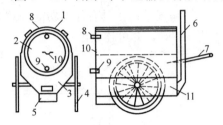

图 3-25 加热保温沥青车
1—保温盖；2—贮油桶；3—保温车厢；
4—胶皮车轮；5—掏灰口；6—烟囱；
7—车把；8—贮油桶出气口；9—流油
嘴及闸门；10—吊环；11—加热室

（二）热熔卷材施工机具

1. 喷灯（图 3-26）

用于热熔卷材。采用煤油或汽油喷灯进行热熔卷材施工，是将卷材的粘接面材料加热，使之呈熔融状态，给予一定外力后，使卷材与基层、卷材与卷材之间粘接牢固。一般要求喷灯口距加热面 30cm 左右。

煤油喷灯　　　　汽油喷灯

图 3-26 喷灯

2. 热熔卷材专用加热器

热熔卷材专用加热器的燃料有汽油和液化气两种。
用汽油作燃料的加热器，外形如图 3-27 所示。

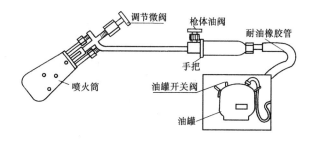

图 3-27 用汽油作燃料的加热器

用液化气作燃料的加热器，外形如图 3-28 所示。

以上两种加热器的使用方法及安全注意事项详见厂家使用说明书。

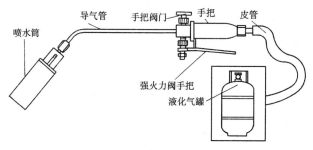

图 3-28 用液化气作燃料的加热器

（三）热焊接卷材施工机具

热压焊接法是将两片 PVC 防水卷材搭接 40～50mm，通过焊嘴热风加热，利用聚氯乙烯材料的热塑性，使卷材的边缘部分达到熔融状态，然后用压辊加压，将两片卷材融为一体。热压焊接机构造如图 3-29 所示。

热压焊接机由传动系统、热风系统、转向部分组成。

热压焊接机主要用来焊接 PVC 防水卷材的平面直线，手动焊枪焊接圆弧及立面。

热压焊接机的操作顺序如下：

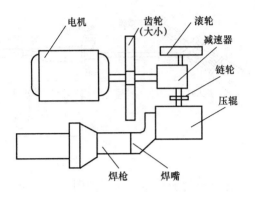

电机　齿轮(大小)　滚轮　减速器　链轮　压辊　焊枪　焊嘴

图 3-29　热压焊接机构造

1. 检查焊机、焊枪、焊嘴等是否齐全，安装是否牢固。

2. 总启动开关合闸，接通电源。

3. 先开焊枪开关，调节电位器旋钮，由零转到合适的功率，要逐步调节，使温度达到要求，预热数分钟。

4. 启动运行电机开关，用手柄控制运行方向，开始热压焊接施工。

5. 焊接完毕，先关热压焊接机的电机开关，然后再旋转焊枪的旋钮，使之到零位，经过几分钟后，再关焊枪的开关。

四、屋面防水工程施工

（一）施工前的准备

1. 技术准备

（1）学习设计图纸

目的是为了领会设计意图，熟悉房屋构造、细部节点构造、设防层次、采用的材料、规定的施工工艺和技术要求。在学习领会设计意图的基础上组织图纸会审，认真解决设计图和施工图中可能出现的问题，使防水设计更加完善、更加切实可行。

（2）编制施工方案

防水工程施工方案应明确施工段的划分，施工顺序、施工方法、施工进度、施工工艺，提出操作要点，主要节点构造施工做法，保证质量的技术措施，质量标准，成品保护及安全注意事项等内容。

（3）确定施工中的检验程序

防水工程施工前，必须明确检验程序，定出哪几道工序完成后必须检验合格后才能继续施工，并提出相应的检验内容、方法、工具和记录。例如防水施工之前，必须对找平层进行检验，合格后方可进行防水施工，基层处理剂涂刷后，进行增强附加层的铺贴（涂刷），完成后，应进行检验，合格后才能进行大面积铺贴（涂刷）。

防水工程的施工必须强调中间检验和工序检验，只有使质量缺陷在施工过程中及早发现，立即补救，消除隐患，才能保证整个防水层的质量。

（4）做好施工记录

防水工程施工过程中应详细记录施工全过程，以作为今后维修的依据和总结经验的参考，记录应包括下列内容，这些记录在完工后应立即归档。

1）工程基本情况。包括工程项目、地点、性质、结构、层数、建筑面积和防水面积、设计单位、防水部位、防水层构造层次、防水层用材及单价等。

2）施工状况。包括施工单位、负责人、施工日期、气候、环境条件、基层及相关层次质量、材料名称、材料厂家、材料质量、检验情况、材料用量及节点处理方法。

3）工程验收。包括中间验收、完工后的试水检验、质量等级评定、施工过程中出现的质量问题和解决方法。

4）经验教训、改进意见。

（5）技术交底

防水工程施工前，施工负责人应向班组进行技术交底，内容应包括：施工部位、施工顺序、施工工艺、构造层次、节点设防方法、增强部位及做法，工程质量标准，保证质量的技术措施，成品保护措施和安全注意事项等。

2. 物资、机具准备

物资准备包括防水材料的进场和抽检，配套材料准备，机具进场、试运转等。

防水工程负责人必须根据设计要求，按防水面积计算各种材料的总用量，并要运抵施工现场。根据规定抽样检验复测合格后才能使用。对于配套材料，如节点用的密封材料，固定用料等都要求一起备齐。机具要清洗干净，运到现场后进行试运转，保持良好的工作状态，如有损坏应及时修复，小型手工工具也要及时购置备足。

3. 现场条件的准备

现场条件包括材料堆放场所，以及每天运到屋面的临时堆放场地，还有运输的机具准备以及现场工作面清理工作。

现场堆放场地必须选择能遮风雪、无热源的仓库，按材料品种分别堆放，对易燃的材料应挂牌标明，严禁烟火，准备必要的消防设备，同时要准备运至屋面临时堆放场所。这要结合工作面来选择临时堆放点。需明火加热的沥青熬制及热熔法施工应有点火申请批准书，并做好安全消防的器材准备。

（二）卷材防水屋面施工

1. 卷材防水屋面的构造

卷材防水屋面一般是由结构层、隔汽层、找坡层、保温层、找平层、防水层、保护层等组成，如图 4-1 所示。

（1）对隔汽层的要求：隔汽层应当是整体连续的，在屋面与垂直面连接的地方，隔汽层应延伸到保温层顶部并高出 150mm，以便与防水层相连。隔汽层可采用气密性好的合成高分子卷材或防水涂料。

（2）对保温层的要求：保温层宜选用吸水率低、密度和导热系数小，并有一定强度的保温材料；有板状材料保温层、纤维材料保温层及整体材料保温层等。

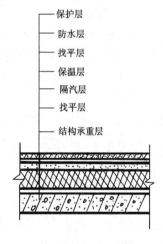

图 4-1　屋面结构层次图

（3）对防水层的要求：屋面防水层，应按设计要求，选择符合标准的防水材料。

（4）对保护层的要求：施工完的防水层应进行雨后观察、淋水或蓄水试验，并应在合格后再进行保护层和隔离层的施工。保护层和隔离层施工前，防水层或保温层的表面应平整、干净；施工时，应避免损坏防水层或保温层。块体材料、水泥砂浆、细石混凝土保护层表面的坡度应符合设计要求，不得有积水现象。

（5）对基层含水率的要求：为了防止卷材屋面防水层起鼓、开裂，要求做防水层以前，保温层应干燥。简单的测试方法是裁剪一块 1m×1m 的防水卷材，平铺在找平层上，过 3～4 小时后揭开卷材，如找平层上没有明显的湿印，即可认为含水率合格；如有明显的湿印甚至有水珠出现，说明基层含水率太高，不宜铺设卷材。

在基层含水率高的情况下，为了赶工期，可以做排气屋面。排气屋面的做法如下：

在找平层上隔一定的距离（一般不大于 6m）留出或凿出排气道。排气道的宽度 30～40mm，深度一直到结构层，排气道要互相贯通。通常屋脊上有一道纵向排气道，在纵横排气道的交叉处放置排气管。排气管可用塑料管或钢管自制，直径 100mm 为宜。排气管应高出找平层 100～150mm，埋入保温层的部分周围应钻眼，用钢管时可将埋入部分用三根支撑代替，以利于排气。排气道内可用碎砖块、大块炉渣等充填，不能用粉末状材料填入。在排气道上面干铺一层宽 150mm 的卷材，为防止移动，也可点粘在排气道上。排气道上应加防雨帽，架空隔热屋面可以不加，排气管固定好就可以做卷材了。卷材与排气管处的防水要做好，用防水涂料加玻纤布涂刷为宜，一般一年后即可以拆掉排气管，不上人屋面也可以不拆。

2. 卷材防水施工方法和适用范围

卷材防水目前常见的施工类别有热施工工艺、冷施工工艺、机械固定工艺三大类。每一种施工工艺又有若干不同的施工方法，各种不同的施工方法又各有其不同的适用范围。因此，施工时应根据不同的设计要求、材料情况、工程具体做法等选定合适的施工方法。卷材防水的施工方法和适用范围可参考表 4-1。

卷材防水施工方法和适用范围　　　　　　　　　　　　表 4-1

工艺类别	名　称	做　法	适用范围
热施工工艺	热玛琋脂粘贴法	传统施工方法，边浇热玛琋脂边滚铺油毡，逐层铺贴	石油沥青油毡三毡四油（二毡三油）叠层铺贴

工艺类别	名　称	做　法	适用范围
热施工工艺	热熔法	采用火焰加热器熔化热熔型防水卷材底部的热熔胶进行粘结的方法	有底层热熔胶的高聚物改性沥青防水卷材
	热风焊接法	采用热空气焊枪加热防水卷材搭接缝进行粘结的方法	合成高分子防水卷材搭接缝焊接
冷施工工艺	冷玛瑞脂粘贴法	采用工厂配置好的冷用沥青胶结材料，施工时不需加热，直接涂刮后粘贴油毡	石油沥青油毡三毡四油（二毡三油）叠层铺贴
	冷粘法	采用胶粘剂进行卷材与基层、卷材与卷材的粘结，而不需要加热的施工方法	合成高分子防水卷材、高聚物改性沥青防水卷材
	自粘法	采用带有自粘胶的防水卷材，不用热施工，也不需涂刷胶结材料，而直接进行粘结的方法	带有自粘胶的合成高分子防水卷材及高聚物改性沥青防水卷材
机械固定工艺	机械钉压法	采用镀锌钢钉或铜钉等固定卷材防水层的施工方法	多用于木基层上铺设高聚物改性沥青防水卷材
	压埋法	卷材与基层大部分不粘结，上面采用卵石等压埋，但搭接缝及周边要全粘	用于空铺法、倒置屋面

3. 卷材防水层的铺贴方法和技术要求

（1）卷材防水层的铺贴方法

采用胶粘剂粘贴卷材，根据卷材与基层的粘结面积和形式的不同，卷材防水层的铺贴方法可分为满粘法、空铺法、点粘法和条粘法四种，其具体做法、优缺点和适用条件叙述如下：

1）满粘法

满粘法又叫全粘法，即在铺贴防水卷材时，卷材与基层采用全部粘结的施工方法。满粘法是一种传统的施工方法，如过去常用此种方法进行石油沥青防水卷材三毡四油叠层铺贴；热熔法、冷粘法、自粘法也常采用将卷材与基层全部粘结进行施工。

满粘法的缺点：砂浆基层干燥后会产生收缩裂缝，屋面板也会产生收缩裂缝，基层裂缝容易把满粘的卷材拉断，而且满粘法施工要求砂浆基层含水率低，为了等待基层干燥，会延长工期。

2）空铺法

空铺法是指铺贴防水卷材时，卷材与基层仅在四周一定宽度内粘贴，其余部分不粘结的施工方法。铺贴时，在檐口、屋脊和屋面的转角处及突出屋面的连接处，卷材与找平层应满涂玛琋脂粘结，其粘结宽度不得小于 800mm，卷材与卷材的搭接缝应满粘，叠层铺设时，卷材与卷材之间应满粘。

空铺法可使卷材与基层之间互不粘结，减少了基层变形对防水层的影响，有利于解决防水层开裂、起鼓等问题；但是对于叠层铺设的防水层由于减少了一油，降低了防水功能，如一旦渗漏，不容易找到漏点。

空铺法适用于基层湿度过大、找平层的水蒸气难以由排气道排入大气的屋面，或用于埋压法施工的屋面。在沿海大风地区，应慎用，以防被大风掀起。

3）条粘法

条粘法是指铺贴卷材时，卷材与基层采用条状粘结的施工方法。每幅卷材与基层的粘结面不得少于两条，每条宽度不应少于 150mm。每幅卷材与卷材的搭接缝应满粘，当采用叠层铺贴时，卷材与卷材间应满粘。

这种铺贴方法，由于卷材与基层在一定宽度内不粘结，增大了防水层适应基层变形的能力，有利于解决卷材屋面的开裂、起鼓，但这种铺贴方法，操作比较复杂，且部分地方减少了一油，降低了防水功能。

条粘法适用于采用留槽排气不能可靠地解决卷材防水层开裂

和起鼓的无保温层屋面，或者温差较大，而基层又十分潮湿的排气屋面。

4）点粘法

点粘法是指铺贴防水卷材时，卷材与基层采用点状粘结的施工方法。要求每平方米面积内至少有 5 个粘结点，每点面积不小于 100mm×100mm，卷材与卷材搭接缝应满粘。当第一层采用打孔卷材时，也属于点粘法。防水层周边一定范围内也应与基层满粘牢固。点粘的面积，必要时应根据当地风力大小经计算后确定。

点粘法铺贴，增大了防水层适应基层变形的能力，有利于解决防水层开裂、起鼓等问题，但操作比较复杂，当第一层采用打孔卷材时，施工虽然方便，但仅可用于石油沥青三毡四油叠层铺贴工艺。

点粘法适用于采用留槽排气不能可靠地解决卷材防水层开裂和起鼓的无保温层屋面，或者温差较大，而基层又十分潮湿的排气屋面。

（2）卷材施工顺序和铺贴方向

卷材防水层施工时，应先进行细部构造处理，然后由屋面最低标高向上铺贴；檐沟、天沟卷材施工时，宜顺檐沟、天沟方向铺贴，搭接缝应顺流水方向。

卷材的铺贴方向应根据屋面坡度、防水卷材的种类和屋面是否有震动确定。当屋面坡度小于 3% 时，卷材宜平行于屋脊铺贴；屋面坡度在 3%～15% 时，卷材可平行或垂直于屋脊铺贴；屋面坡度大于 15% 或受震动时，沥青卷材应垂直于屋脊铺贴，高聚物改性沥青防水卷材和合成高分子卷材可根据屋面坡度、屋面是否受震动、防水层的粘结方式、粘结强度、是否机械固定等因素综合考虑采用平行或垂直屋脊铺贴。上下层卷材不得相互垂直铺贴。屋面坡度大于 25% 时，卷材宜垂直屋脊方向铺贴，并应采取固定措施，固定点还应密封。

（3）卷材搭接缝要求

平行屋脊的搭接缝应顺流水方向，搭接缝宽度应符合表 4-2 的要求；同一层相邻两幅卷材短边搭接缝错开不应小于 500mm；上下层卷材长边搭接缝应错开，且不应小于幅宽的 1/3；叠层铺贴的各层卷材，在天沟与屋面的交接处，应采用叉接法搭接，搭接缝应错开；搭接缝宜留在屋面与天沟侧面，不宜留在沟底。

卷材搭接宽度（mm）   表 4-2

卷材类别		搭接宽度
合成高分子防水卷材	胶粘剂	80
	胶粘带	50
	单缝焊	60，有效焊接宽度不小于 25
	双缝焊	80，有效焊接宽度 10×2＋空腔宽
高聚物改性沥青防水卷材	胶粘剂	100
	自粘	80

4. 改性沥青防水卷材施工

改性沥青防水卷材的施工方法有热熔法、冷粘法、冷粘法加热熔法、热沥青粘结法等，目前使用较多的是热熔法。

（1）热熔法施工

热熔法铺贴是采用火焰加热器熔化热熔型防水卷材底层的热熔胶进行粘贴的一种方法。

1）施工基本要求

①火焰加热器的喷嘴距卷材面的距离应适中，幅宽内加热应均匀，以卷材表面熔融至光亮黑色为度，不得过分加热卷材。厚度小于 3mm 的高聚物改性沥青防水卷材，严禁采用热熔法施工。

②卷材表面热熔后应立即滚铺卷材，滚铺时应排除卷材下面的空气，使之平展并粘贴牢固。

③搭接缝部位宜以溢出热熔的改性沥青胶结料为度，溢出的改性沥青胶结料宽度宜为 8mm 左右，并宜均匀顺直。当接缝处的卷材有铝箔或矿物粒（片）料时，应清除干净后再进行热熔和

接缝处理。

④铺贴卷材时应平整顺直，搭接尺寸应准确，不得扭曲。

2）操作工艺流程

清理基层→涂刷基层处理剂→节点附加增强处理→定位、弹线→热熔铺贴卷材→搭接缝粘结→蓄水试验→保护层施工→检查验收。

3）操作要点

①清理基层：剔除基层上的隆起异物，彻底清扫、清除基层表面的灰尘。

②涂刷基层处理剂：基层处理剂采用溶剂型改性沥青防水涂料或橡胶改性沥青胶结材料，用长柄滚刷将其涂刷在基层表面，要求涂刷均匀，厚薄一致，不得漏刷或露底。经 8h 以上干燥后，方可进行热熔法施工，以避免失火。

③节点附加增强处理：基层处理剂干燥后，按设计节点构造图做好节点附加增强处理。

④在基层上按规范要求，排布卷材，弹出基准线。

⑤热熔铺贴卷材：将卷材沥青膜底面朝下，对正粉线，用火焰喷枪对准卷材与基层的结合面，同时加热卷材与基层。喷枪头距加热面 50～100mm，当烘烤到沥青熔化，卷材底有光泽并发黑，有一薄的熔层时，即用胶皮压辊滚压密实。如此边烘烤边推压，当端头只剩下 300mm 左右时，将卷材翻放于隔热板上加热，同时加热基层表面，粘贴卷材并压实。

⑥搭接缝粘结：搭接缝粘结之前，先熔烧下层卷材上表面搭接宽度内的防粘隔离层。处理时，操作者一手持烫板，一手持喷枪，使喷枪靠近烫板并距卷材 50～100mm，边熔烧，边沿搭接线后退。处理完毕隔离层，即可进行接缝粘结，其操作方法与卷材和基层的粘结相同。

⑦整个防水层粘贴完毕后，所有搭接缝的边均应用密封材料予以严密的涂封。

⑧蓄水试验：卷材铺贴完毕后，按要求进行检验。平屋面可

采用蓄水试验，蓄水时间不宜少于 72h；坡屋面可采用淋水试验，持续淋水时间不少于 2h。屋面无渗漏和积水、排水系统通畅为合格。

⑨蓄水试验合格后，按设计要求进行保护层施工。

（2）冷粘法施工

冷粘法铺贴是指用高聚物改性沥青胶粘剂或冷玛𤅉脂把卷材粘贴于涂有冷底子油的屋面基层上。

1）施工基本要求

①根据防水工程的具体情况，确定卷材的铺贴顺序和铺贴方向，并在基层上弹出基准线，然后沿基准线铺贴卷材。

②胶粘剂涂刷应均匀，不露底，不堆积。卷材空铺、点粘、条粘时，应按规定的位置及面积涂刷胶粘剂。根据胶粘剂的性能，应控制胶粘剂涂刷与卷材铺贴的间隔时间。

③复杂部位如管根、水落口、烟囱底部等易发生渗漏的部位，可在其中心 200mm 左右范围先均匀涂刷一遍改性沥青胶粘剂，厚度 1mm 左右；涂胶后随即粘贴一层聚酯纤维无纺布，并在无纺布上再涂刷一遍厚度为 1mm 左右的改性沥青胶粘剂，使其干燥后形成一层无接缝的整体防水涂膜增强层。

④铺贴卷材时应平整顺直，搭接尺寸准确，不得扭曲、皱褶。搭接部位的接缝应满涂胶粘剂，辊压粘贴牢固。

⑤铺贴卷材时，可按照卷材的配制方案，边涂刷胶粘剂，边滚铺卷材，在铺贴卷材时应及时排除卷材下面的空气，并辊压粘结牢固。

⑥搭接缝部位，最好采用热风焊机或火焰加热器（热熔焊接卷材的专用工具）或汽油喷灯加热，以接缝卷材表面熔融至光亮黑色时，即可进行粘合，封闭严密。采用冷粘法时，搭接缝口应用材性相容的密封材料封严，宽度不应小于 10mm。

2）操作工艺流程

清理基层→涂刷基层处理剂→节点附加增强处理→定位、弹线→涂刷基层胶粘剂→粘贴卷材→卷材接缝粘贴→卷材接缝密封

→蓄水试验→保护层施工→检查验收。

3）操作要点

①清理基层：剔除基层上的隆起异物，彻底清扫、清除基层表面的灰尘。

②涂刷基层处理剂：高聚物改性沥青防水卷材的基层处理剂可选用氯丁沥青胶乳、橡胶改性沥青溶液等。将基层处理剂搅拌均匀，先行涂刷节点部位一遍，然后进行大面积涂刷，涂刷应均匀，不得过厚、过薄。一般涂刷 4h 左右，方可进行下道工序的施工。

③节点的附加增强处理：在构造节点部位及周边扩大 200mm 范围内，均匀涂刷一层厚度不小于 1mm 的弹性沥青胶粘剂，随即粘贴一层聚酯纤维无纺布，并在无纺布上再涂一层厚 1mm 的胶粘剂，构造成无接缝的增强层。

④定位、弹线：按卷材排布配置，弹出定位和基准线。

⑤涂刷基层胶粘剂：基层胶粘剂的涂刷可用胶皮刮板进行，要求涂刷在基层上，厚薄均匀，不露底、不堆积，厚度约为 0.5mm。空铺法、条粘法、点粘法应按规定的位置和面积涂刷胶粘剂。

⑥粘贴防水卷材：胶粘剂涂刷后，根据其性能，控制其涂刷的间隔时间，一人在后均匀用力，推赶铺贴卷材，并注意排除卷材下面的空气，一人用手持压辊，滚压卷材面，使之与基层更好地粘结。卷材与立面的粘贴，应从下面均匀用力往上推赶，使之粘结牢固。当气温较低时，可考虑用热熔法施工。

⑦卷材接缝粘结：卷材接缝处，应满涂胶粘剂（与基层胶粘剂同一品种），在合适的间隔时间后，使接缝处卷材粘结并辊压，溢出的胶粘剂随即刮平封口。卷材与卷材搭接缝也可用热熔法粘结。

⑧卷材接缝密封：接缝口应用密封材料封严，宽度不小于 10mm。

⑨蓄水试验

⑩保护层施工：屋面经蓄水试验合格后，放水待面层干燥，按设计构造图立即进行保护层施工，以避免防水层受损。

改性沥青防水卷材不管用以上哪种方法施工，施工后都要进行仔细检查，卷材与卷材的搭接处，卷材的收头处是检查的重点。屋面铺贴的地方如有起包，要割开排出空气再粘牢。在割开处要另补一块卷材满粘在上面。检验合格后有条件的屋面可做蓄水试验，没有蓄水条件的应做淋水试验。一般蓄水 24 小时，水深 100mm；淋水 2 小时以上，无渗漏即可交工验收。

5. 合成高分子防水卷材施工

（1）合成高分子防水卷材冷粘法施工

防水卷材冷粘法操作是指采用胶粘剂进行卷材与基层、卷材与卷材的粘结，而不需要加热施工的方法。

合成高分子防水卷材用冷粘法施工，不仅要求找平层干燥，施工过程中还要尽量减少灰尘的影响，所以卷材在有霜有雾时，也要等霜雾消失找平层干燥后再施工。卷材铺贴时遇雨、雪应停止施工，并及时将已铺贴的卷材周边用胶粘剂封口保护。夏季夜间施工时，当后半夜找平层上有露水时也不能施工。

1）工艺流程：清理基层→涂刷基层处理剂→节点附加增强处理→定位、弹基准线→涂刷基层胶粘剂→粘贴卷材→卷材接缝粘贴→卷材接缝密封→蓄水试验→保护层施工。

2）操作工艺

涂刷基层处理剂：施工前将验收合格的基层重新清扫干净，以免影响卷材与基层的粘结。基层处理剂一般是用低黏度聚氨酯涂膜防水材料，其配合比为甲料：乙料：二甲苯＝1：1.5：3，用电动搅拌器搅拌均匀，再用长把滚刷蘸满后均匀涂刷在基层表面，不得见白露底，待胶完全干燥后即可进行下一工序的施工。

复杂部位增强处理：对于阴阳角、水落口、通气孔的根部等复杂部位，应先用聚氨酯涂膜防水材料或常温自硫化的丁基橡胶胶粘带进行增强处理。

涂刷基层胶粘剂：先将氯丁橡胶系胶粘剂（或其他基层胶粘

剂）的铁桶打开，用手持电动搅拌器搅拌均匀，即可进行涂刷基层胶粘剂。

①在卷材表面上涂刷：先将卷材展开摊铺在平整、干净的基层上（靠近铺贴位置），用长柄滚刷蘸满胶粘剂，均匀涂刷在卷材的背面，不要刷得太薄而露底，也不得涂刷过多而聚胶。还应注意，从搭接缝部位处不得涂刷胶粘剂，此部位留作涂刷接缝胶粘剂用。涂刷胶粘剂后，经静置 10~20min，待指触基本不粘手时，即可将卷材用纸筒芯卷好，就可进行铺贴。打卷时，要防止砂粒、尘土等异物混入。

应该指出，有些卷材如 LYX-603 氯化聚乙烯防水卷材，在涂刷胶粘剂后立即可以铺贴卷材。因此，在施工前要认真阅读厂商的产品说明书。

②在基层表面上涂刷：用长柄滚刷蘸满胶粘剂，均匀涂刷在基层处理剂已基本干燥和洁净的表面上。涂刷时要均匀，切忌在一处反复涂刷，以免将底胶"咬起"。涂刷后，经过干燥 10~20min，指触基本不粘手时，即可铺贴卷材。

铺贴卷材：操作时，几个人将刷好基层胶粘剂的卷材抬起，翻过来，将一端粘贴在预定部位，然后沿着基准线铺展卷材。铺展时，对卷材不要拉得过紧，而要在合适的状态下，每隔 1m 左右对准基准线粘贴一下，以此顺序对线铺贴卷材。平面与立面相连的卷材，应由下开始向上铺贴，并使卷材紧贴阴面压实。

排除空气和滚压：每当铺完一卷卷材后，应立即用松软的长把滚刷从卷材的一端开始朝卷材的横向顺序用力滚压一遍，彻底排除卷材与基层间的空气。排除空气后，卷材平面部位可用外包橡胶的大压辊滚压，使其粘结牢固。滚压时，应从中间向两侧移动，做到排气彻底。如有不能排除的气泡，也不要割破卷材排气，可用注射用的针头，扎入气泡处，排除空气后，用密封胶将针眼封闭，以免影响整体防水效果和美观。

卷材接缝粘结：搭接缝是卷材防水工程的薄弱环节，必须精心施工。施工时，首先在搭接部位的上表面，顺边每隔0.5～1m处涂刷少量接缝胶粘剂，待其基本干燥后，将搭接部位的卷材翻开，先做临时固定。然后将配置好的接缝胶粘剂用油漆刷均匀涂刷在翻开的卷材搭接缝的两个粘结面上，涂胶量一般以0.5～0.8kg/m²为宜。干燥20～30min指触手感不粘时，即可进行粘贴。粘贴时应从一端开始，一边粘贴一边驱除空气，粘贴后要及时用手持压辊按顺序认真地滚压一遍，接缝处不允许有气泡或皱折存在。遇到三层重叠的接缝处，必须填充密封膏进行封闭，否则将成为渗水路线。

卷材末端收头处理：为了防止卷材末端收头和搭接缝边缘的剥落或渗漏，该部位必须用单组分氯磺化聚乙烯或聚氨酯密封膏封闭严密，并在末端收头处用掺有水泥用量20％108胶的水泥砂浆进行压缝处理。常见的几种末端收头处理如图4-2所示。

防水层完工后应做蓄水试验，其方法与前述相同。合格后方

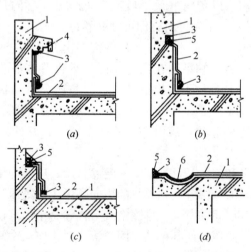

图 4-2 防水卷材末端收头处理

(a)、(b)、(c)屋面与墙面；(d)檐口

1—混凝土或水泥砂浆找平层；2—高分子防水卷材；

3—密封膏嵌填；4—滴水槽；5--108胶水泥砂浆；6—排水沟

可按设计要求进行保护层施工。

（2）卷材自粘法施工

卷材自粘法是采用带有自粘胶的一种防水卷材，不需热加工，也不需涂刷胶粘剂，可直接实现防水卷材与基层粘结的一种操作工艺，实际上是冷粘法操作工艺的发展。由于自粘型卷材的胶粘剂与卷材同时在工厂生产成型，因此质量可靠，施工简便、安全；更因自粘型卷材的粘结层较厚，有一定的徐变能力，适应基层变形的能力增强，且胶粘剂与卷材合二为一，同步老化，延长了使用寿命。

自粘法施工可采用满粘法或条粘法。若采用条粘法时，只需在基层上脱离部位上刷一层石灰水，或加铺一层裁剪下来的隔离纸，即可达到隔离的目的。

卷材自粘法施工的操作工艺中，清理基层、涂刷基层处理剂、节点密封等与冷粘法相同。这里仅就卷材铺贴方法作一介绍。

1）滚铺法

当铺贴大面积卷材时，隔离纸容易撕剥，此时宜采用滚铺法。滚铺法是撕剥隔离纸与铺贴卷材同时进行。施工时不要打开整卷卷材，用一根 $\phi 30 \times 1500$mm 的钢管穿过卷材中间的纸芯筒，然后由两人各持钢管一端，把卷材抬到待铺位置的开始端，并把卷材向前展开 500mm 左右，由一人把开始端的 500mm 卷材拉起来，另一人撕剥开此部分的隔离纸，将其折成条形（或撕断已剥部分的隔离纸），随后由另外两人各持钢管一端，把卷材抬起（不要太高），对准已弹好的粉线轻轻摆铺，同时注意长、短方向的搭接，再用手予以压实。待开始端的卷材固定后，撕剥端部隔离纸的工人把折好的隔离纸拉出（如撕断则重新剥开），卷到已用过的包装纸芯筒上，随即缓缓剥开隔离纸，并向前移动，而抬卷材的两人同时沿基准粉线向前滚铺卷材，如图 4-3 所示。

每铺完一幅卷材，即可用长柄滚刷从开始端起彻底排除卷材

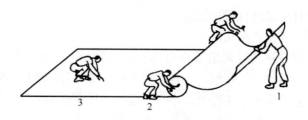

图 4-3　自粘型卷材滚铺法施工

1—撕剥隔离纸，并卷到用过的包装纸芯筒上；

2—滚铺卷材；3—排气滚压

下面的空气。排完空气后，再用大压辊将卷材压实平整，确保粘结牢固。

2）抬铺法

当待铺部位较复杂，如天沟、泛水、阴阳角或有突出物的基面时，或由于屋面面积较小以及隔离纸不易撕剥（如温度过高、储存保管不好等）时就可采用抬铺法施工。

抬铺法是先将要铺贴的卷材剪好，反铺于屋面平面上，待剥去全部隔离纸后，再铺贴卷材。首先应根据屋面形状考虑卷材搭接长度剪裁卷材，其次要认真撕剥隔离纸。撕剥时，已剥开的隔离纸宜与粘结面保持 $45°\sim60°$ 的锐角，防止拉断隔离纸。另外，剥开的隔离纸要放在合适的地方，防止被风吹到已剥去隔离纸的卷材胶结面上。剥完隔离纸后，使卷材的粘结胶面朝外，把卷材沿长向对折。对折后，分别由两人从卷材的两端配合翻转卷材，翻转时，要一手拎住半幅卷材，另一手缓缓铺放另半幅卷材。在整个铺放过程中，各操作工人要用力均匀，配合默契。待卷材铺贴完成后，应与滚铺法一样，从中间向两边缘处排出空气后，再用压辊滚压，使其粘结牢固。

3）搭接缝粘贴

自粘型卷材上表面有一层防粘层（聚乙烯薄膜或其他材料），在铺贴卷材前，应将相邻卷材待搭接部位的上表面防粘层先熔化掉，使搭接缝能粘结牢固。操作时用手持汽油喷灯沿搭接粉线熔烧搭接部位的防粘层。卷材搭接应在大面卷材排出空气并压实后进行。

粘结搭接缝时,应掀开搭接部位的卷材,用扁头热风枪加热搭接卷材底面的胶粘剂,并逐渐前移。另一人紧随其后,把加热后的搭接部位卷材马上用棉纱团从里向外予以排气,并抹压平整。最后一人则用手持压辊滚压搭接部位,使搭接缝密实。加热时应注意控制好加热程度,其标准是经过压实后,在搭接边的末端有胶粘剂稍稍外溢为度。

搭接缝粘贴密实后,所有搭接缝均应用密封材料封边,宽度不少于10mm,其涂封量可参照材料说明书的有关规定。三层重叠部位的处理方法与卷材冷粘法操作相同。

(3)卷材热风焊接法施工

热风焊接施工是指采用热空气加热热塑性卷材的粘合面进行卷材与卷材接缝结合的施工方法,卷材与基层间可采用空铺、机械固定、胶粘剂粘结等方法。

热风焊接法一般适用热塑性合成高分子防水卷材的接缝施工。由于合成高分子卷材粘结性差,采用胶粘剂粘结可靠性差,所以在与基层粘结时,采用胶粘剂,而接缝处采用热风焊接,确保防水层搭接缝的可靠。目前国内用焊接法施工的合成高分子卷材有PVC(聚氯乙烯)防水卷材、PE(聚乙烯)防水卷材、TPO防水卷材。热风焊接合成高分子卷材施工除搭接缝外,其他要求与合成高分子卷材冷粘法一致。其搭接缝所采用的焊接方法有两种:一种为热熔焊接(热风焊接),即采用热风焊枪,电加热产生热气体由焊嘴喷出,将卷材表面熔化达到焊接熔合;另一种是溶剂焊(冷焊),即采用溶剂(如四氢呋喃)进行接合。接缝方式也有搭接和对接两种。目前我国大部分采用热风焊接搭接法。

施工时,将卷材展开铺放在需铺贴的位置,按弹线位置调整对齐,搭接宽度应准确,铺放平整顺直,不得皱褶,然后将卷材向后一半对折,这时使用滚刷在屋面基层和卷材底面均匀涂刷胶粘剂（搭接缝焊接部位切勿涂胶），不应漏涂露底，也不应堆积过厚，根据环境温度、湿度和压力，待胶粘剂溶剂挥发手触不粘时，即可将卷材铺放在屋面基层上，并使用压辊压实，排出卷材底部空气。另一半卷材，重复上述工艺进行铺粘。

操作要点如下：

1）基层要求详见卷材防水屋面构造中的有关内容。

2）细部构造：按屋面规范要求施工，附加层的卷材必须与基层粘结牢固。特殊部位如水落口、排气口、上人孔等均可提前预制成型或在现场制作，然后安装粘结牢固。

3）大面铺贴卷材：将卷材垂直于屋脊方向由上至下铺贴平整，搭接部位要求尺寸准确，并应排除卷材下面的空气，不得有皱折现象。采用空铺法铺贴卷材时，在大面积上（每 $1m^2$ 有 5 个点采用胶粘剂与基层固定，每点胶粘面积约 $400cm^2$）以及檐口、屋脊和屋面的转角处及突出屋面的连接处（宽度不小于 800mm）均应用胶粘剂，将卷材与基层固定。

4）搭接缝焊接：卷材长短边搭接缝宽度均 50mm，可采用单道式或双道式焊接，如图 4-4 所示。焊接前，应先将复合无纺布清除，必要时还需用溶剂擦洗；焊接时，焊枪喷出的温度应使卷材热熔后，小压辊能压出熔浆为准，为了保证焊接后卷材表面平整，应先焊长边搭接缝，后焊短边搭接缝。

图 4-4　卷材搭接缝焊接方法

(a) 单道缝；(b) 双道缝

焊缝检查：如采用双道焊缝，可用 5 号注射针与压力表相接，将钩针扎于两个焊缝的中间，再用打气筒进行充气。当压力表达到 0.15MPa 时应停止充气，如保持压力时间不少于 1min，则说明焊接良好；如压力下降，说明有未焊好的地方。这时可用肥皂水涂在焊缝上，若有气泡出现，则应在该处重新用焊枪或电烙铁补焊直到检查不漏气为止。另外，每工作班、每台热压焊接机均应取 1 处试样检查，以便改进操作。

5）机械固定：如不采用胶粘剂固定卷材，则应采用机械固定法。机械固定需沿卷材之间的焊缝进行，间隔 600～900mm 用冲击钻将卷材与基层钻眼，埋入 $\phi60$ 的塑料膨胀塞，加垫片用自攻螺丝固定，然后在固定点上用 $\phi100～150$ 卷材焊接，并将该点密封。也可将上述固定点放在下层卷材的焊缝边，再在上层与下层卷材焊接时将固定点包焊在内部。

6）卷材收头：卷材全部铺贴完毕经试水合格后，收头部位可用铝条（2.5mm×25mm）加钉固定，并用密封膏封闭。如有留槽部位，也可将卷材弯入槽内，加点固定后，再用密封膏封闭，最后用水泥砂浆抹平封死。

（三）涂膜防水屋面施工

1. 涂膜防水施工的准备工作

（1）技术准备

涂膜防水的技术准备包括以下各项工作：

1）熟悉和会审图纸，掌握和了解设计意图；收集有关该品种涂膜防水的有关资料；

2）编制防水工程施工方案；

3）向操作人员进行技术交底或培训；

4）确定质量目标和检验要求；

5）提出施工记录的内容要求。

（2）材料准备

1）进场、贮存

施工所用防水涂料、胎体增强材料及其他辅助材料均应按设计要求选购进场，并做妥善保管、贮存。

2）抽样复检

为了保证涂膜防水层的质量，对进入施工现场的防水涂料和胎体增强材料应进行抽样复检。防水涂料应检验延伸（断裂伸长率）、固体含量、柔性、不透水性和耐热度。抽样的数量，根据防水面积每 1000m² 所耗用的防水涂料和胎体增强材料的数量为一个抽检单位的原则，《屋面工程质量验收规范》GB 50207—2012 规定：同一规格品种的防水涂料每 10t 为一批，不足 10t 者按一批进行抽检；胎体增强材料每 3000m² 为一批，不足 3000m² 者按一批进行抽检。

3）准备涂膜防水层使用的胶料

（3）施工机具的准备

涂膜防水施工前，应根据所采用涂料的种类、涂布方法，准备使用的计量器具、搅拌机具、涂布工具及运输工具等。

涂膜施工常用的施工机具见表 4-3。实际操作时，所需机具、工具的数量和品种可根据工程情况及施工组织情况进行调整。此外，为了清洗所用工具、还必须准备必要的清洗用具和溶剂。

涂膜防水施工机具及用途 表 4-3

名　称	用　途	备　注
棕扫帚	清理基层	不掉毛
钢丝刷	清理基层、管道等	
磅秤、台秤等	配料、计量	
电动搅拌器	涂料搅拌	功率大、转速较低
铁桶或塑料桶	盛装混合料	圆桶便于搅拌
开罐刀	开启涂料罐	
棕毛刷、圆辊刷	涂刷基层处理剂	
塑料刮板、胶皮刮板	涂布涂料	
喷涂机	喷涂基层处理剂、涂料	根据涂料黏度选用
裁剪刀	裁剪增强材料	
卷尺	量测检查	长 2～5m

（4）防水基层的准备

基层是防水层赖以存在的基础，与卷材防水层相比，涂膜防水对基层的要求更为严格。

1）坡度

屋面坡度过于平缓，或坡度不符合设计要求，则容易积水，成为渗漏的原因之一。屋面防水是一个完整的概念，必须防排结合，只有在屋面不积水的情况下，防水才具有可靠性和耐久性。基层施工时，必须保证坡度符合设计要求。

2）平整度与表面质量

基层的平整度是保证涂膜防水质量的主要条件。基层表面疏松和不清洁或强度太低，裂缝过大，都容易使涂膜与基层粘结不牢，在使用过程中，往往会造成防水层与基层的剥离，成为渗漏的主要原因之一。《屋面工程质量验收规范》GB 50207—2012 6.3.8条要求涂膜防水层与基层应粘结牢固，表面平整，涂刷均匀，无流淌、皱折、鼓泡、露胎体和翘边等缺陷。

3）干燥程度

基层的干燥程度显著地影响涂膜防水层与基层的结合。如果基层不充分干燥，涂料渗透不进，施工后在水蒸气压力作用下，会使防水层剥离，发生鼓泡现象。

目前，国内实用、准确地测试基层表面干燥程度的仪器尚未问世，新规范中对防水层施工时基层干燥程度还未能作出具体的定量规定。一般而言，溶剂型防水涂料对基层干燥程度的要求比水乳型防水涂料严格；沥青基防水涂料多属水性厚质涂料，可在基层表干后涂布施工；高聚物改性沥青防水涂料和合成高分子防水涂料视其种类不同对基层干燥程度有不同的要求，但溶剂型防水涂料的涂布必须待基层干燥后方可进行涂布施工。

4）节点细部

屋面板侧壁缝及板端缝应清理干净，在这些板缝中浇注的细石混凝土应浇捣密实，板端缝中嵌填的密封材料应粘结牢固，封闭严密。找平层上应事先留出分格缝并与板端缝上下对齐，均匀顺直。基层与突出屋面结构（女儿墙、立墙、天窗壁、变形缝、烟囱等）的连接处，以及基层的转角处（水落口、檐口、天沟、檐沟、屋脊、管道）等，均应做成圆弧，其半径不应小于 50mm。

（5）施工气候条件影响涂膜防水层的质量和涂料的涂布操作。如果在雨天、雪天进行防水涂膜施工，一方面增加施工操作难度；另一方面对水乳型涂料会造成破乳或被雨水冲失而失去防水作用，对溶剂型涂料将会降低各涂层之间、涂层与基层间的粘结力，所以不论是何种防水涂料，雨天、雪天严禁施工。溶剂型涂料施工气温宜为 $-5 \sim 35℃$，水乳型涂料施工气温宜为 $5 \sim 35℃$。五级风时会影响涂布操作，难以保证防水层质量和人身安全，所以五级风及其以上时不得施工。

2. 薄质涂料施工工艺

所谓薄质涂料是指设计防水涂膜厚度在 3mm 以下的涂料，3mm 以上一般称厚质涂料。薄质涂料一般是水乳型或溶剂型的高聚物改性沥青防水涂料或合成高分子防水涂料。我国目前常用的薄质涂料有：再生橡胶沥青防水涂料、氯丁橡胶沥青防水涂料、聚氨酯防水涂料、硅橡胶防水涂料等。根据涂料性能不同，其涂刷遍数、涂刷的间隔时间也不同。涂刷的方法有涂刷法和刮涂法两种。

（1）施工机具准备参考表 4-3。

（2）配料和搅拌

1）双组分涂料

采用双组分涂料时，每份涂料在配料前必须先搅拌。配料应根据材料生产厂家提供的配合比现场配置，严禁任意改变配合比。配料时要求计量准确（过秤），主剂和固化剂的混合偏差不得大于 $\pm 5\%$。

涂料混合时，应先将主剂放入搅拌容器或电动搅拌器内，然后放入固化剂，并立即开始搅拌。搅拌筒应选用圆的铁桶或塑料桶，以便搅拌均匀。采用人工搅拌时，要注意将涂料上下、前后、左右及各个角落都充分搅拌均匀，搅拌时间一般在 $3 \sim 5min$

左右。采用电动搅拌器搅拌时，应选用功率大，旋转速度不太高，旋转力强的搅拌器。因为旋转速度太快就容易把空气裹进去，涂刷时涂膜就容易起泡。

搅拌的混合料以颜色均匀一致为标准。如涂料稠度太大，涂布困难时，可根据厂家提供的品种和数量掺加稀释剂，切忌任意使用稀释剂稀释，否则会影响涂料性能。

2）单组分涂料

单组分涂料一般有铁桶或塑料桶密闭包装，打开桶盖后即可施工，但由于涂料桶装量大（一般为200kg）且防水涂料中均含有填充料，容易沉淀而产生不匀质现象，故使用前还应进行搅拌。

（3）涂层厚度控制试验

涂膜防水施工前，必须根据设计要求的每平方米涂料用量、涂膜厚度及涂料材性事先试验确定每道涂料涂刷的厚度以及每个涂层需要涂刷的遍数。

（4）涂刷间隔时间试验

各种防水涂料都有不同的干燥时间，干燥有表干和实干之分。施工前要根据气候条件经试验确定每遍涂刷的涂料用量和间隔时间。薄质涂料每遍涂层表干时实际上已基本达到了实干，因此，可用表干时间来控制涂刷间隔时间。

（5）涂刷基层处理剂

为了增强涂料与基层的粘结，在涂料涂布前，必须对基层进行处理，即先涂刷一道较稀的涂料作为基层处理剂。

基层处理剂的种类有以下三种：

1）若使用水乳型防水涂料，可用掺0.2%～0.5%乳化剂的水溶液或软化水将涂料稀释。如无软水可用冷开水代替，切忌加入一般水（天然水或自来水）。

2）若使用溶剂型防水涂料，由于其渗透能力比水乳型防水涂料强，可直接用涂料薄涂做基层处理。若涂料较稠，可用相应的溶剂稀释后使用。

3）高聚物改性沥青防水涂料也可用沥青溶液（即冷底子油）作为基层处理剂，或在现场以煤油：30 号石油沥青＝60：40 的比例配置而成的溶剂作为基层处理剂。

基层处理剂涂刷时，应用刷子用力薄涂，使涂料尽量刷进基层表面的毛细孔中，并将基层可能留下来的少量灰尘等无机杂质，像填充料一样混入基层处理剂中，使之与基层牢固结合。

有些防水涂料，如油膏稀释涂料，其浸润性和渗透性强，可不刷基层处理剂，直接在基层上涂刷第一道涂料。

（6）特殊部位的增强处理

在大面涂布涂料前，先要按设计要求做好特殊部位附加增强层，即在细部节点（水落口、地漏、檐沟、女儿墙根部、天窗根部、立管周围、阴阳角、变形缝、施工缝、穿墙管、后浇带等）加铺有胎体增强材料的附加层。一般先涂刷一道涂料，随即铺贴事先剪好的胎体增强材料，用软刷反复刷匀、贴实不皱折，干燥后再涂刷一道防水涂料。水落口、地漏、管道四周与基层交接处应先用密封材料密封，再加铺有两层胎体增强材料的附加层，附加层涂膜伸入水落口、地漏杯的深度不少于 50mm。在板端缝处，应设置缓冲层，以增加防水层参加拉伸的长度。缓冲层用宽 200～300mm 的聚乙烯薄膜空铺在板端缝上，为了不使薄膜被风刮起或位移，可用涂料临时点粘固定，塑料薄膜上增铺有胎体增强材料的空铺附加层。

（7）涂料的涂刷

涂料涂刷可采用棕刷、长柄刷、胶皮刷、圆辊刷等进行人工涂布，也可采用机械喷涂。

用刷子涂刷一般采用蘸刷法，也可边倒涂料边用刷子刷匀。涂布时应先涂立面，后涂平面，涂布立面最好采用蘸刷法，涂刷应均匀一致。涂刷时不能将气泡裹进涂层中，如遇气泡应立即消除。涂刷遍数必须按事先试验确定的遍数进行。涂料涂布应分条按顺序进行，分条进行时，每条宽度应与胎体增强材料宽度相一致，以避免操作人员踩踏刚涂好的涂层。每次涂布前，应严格检查前遍涂层有否缺陷，如气泡、露底、漏刷、胎体增强材料皱折、翘边、杂物混入等现象，如发现上述问题，应先进行修补再涂布后遍涂层。

应当注意，涂料涂布时，涂刷致密是保证质量的关键。刷基层处理剂时要用薄涂，涂刷后续涂料时则应按规定的涂层厚度（控制材料用量）均匀、仔细地涂刷。各道涂层之间的涂刷方向应相互垂直，以提高防水层的整体性和均匀性。涂层间的接茬，在每遍涂刷时应退茬 50～100mm，接茬时也应超过 50～100mm，避免在搭接处发生渗漏。

（8）胎体增强材料的铺设

在涂料第二遍涂刷时，或第三遍涂刷前，即可加铺胎体增强材料。由于涂料与基层粘结力强，涂层又较薄，胎体增强材料不容易滑移，因此，胎体增强材料应尽量顺屋脊方向铺贴，以便施工，提高劳动效率。

胎体增强材料可采用湿铺法或干铺法铺贴。

湿铺法就是边倒料、边涂刷、边铺贴的操作方法。施工时，先在已干燥的涂层上，用刷子将涂料仔细刷匀，然后将成卷的胎体增强材料平放在屋面上，逐渐推滚铺贴于刚刷上涂料的屋面上，用滚刷滚压一遍，务必使全部布眼浸满涂料，使上下两层涂料能良好结合，确保其防水效果。

干铺法就是在上道涂层干燥后，边干铺胎体增强材料，边在已展开的表面上用橡皮刮板均匀满刮一道涂料。也可将胎体增强材料按要求在已干燥的涂层上展平后，先在边缘部位用涂料点粘固定，然后再在上面满刮一道涂料，使涂料浸入网眼渗透到已固化的涂膜上。由于干铺法施工时，上涂层是从胎体增强材料的网眼中渗透到已固化的涂膜上而形成整体，因此当渗透性较差的涂料与比较密实的胎体增强材料配套使用时不宜采用干铺法。

（9）收头处理

为防止收头部位出现翘边现象，所有收头均应用密封材料压边，压边宽度不得小于 10mm。收头处的胎体增强材料应裁剪整齐，压入凹槽内，不得出现翘边、皱折、露白等现象。

3. 厚质涂料施工工艺

我国目前常用的厚质涂料有：石灰膏乳化沥青涂料、膨润土乳化沥青涂料、石棉乳化沥青涂料等。厚质涂料一般采用抹压法或刮涂法施工，主要以冷施工为主。厚质涂料的涂层厚度一般为4～8mm，有纯涂层，也有铺衬一层胎体增强材料。

（1）施工准备

厚质涂料施工准备工作与薄质涂料基本相同，并应注意以下几点：

1）要准备足够数量的抹灰用抹子，用以抹平压光厚质涂料，如采用热塑型涂料，应准备加热设备。

2）厚质防水涂料使用前应特别注意搅拌均匀，因为厚质涂料内有较多的填充料，如搅拌不均匀，不仅刮涂困难，而且未搅匀的颗粒杂质残留在涂层中，将成为隐患。

3）厚质涂料涂层厚度控制采用预先在刮板上固定铁丝（或木条）或在屋面上做好标志的方法，铁丝（木条）高度就是所要求的每遍涂层刮涂的厚度，一般需刮涂 2～3 遍，总厚度为4～8mm。

4）涂层间隔时间控制试验以涂层涂布后干燥并能上人操作为准。脚踩不粘脚、不下陷（或下陷能回弹）时即可进行上面一道涂层施工，一般干燥时间不少于 12h。

5）基层处理的原则与薄质涂料相同，但因为厚质涂料涂层较厚，特殊部位的水落口、天沟、檐口、泛水及板端缝处等部位常采用涂料增厚处理，即刮涂一层 2～3mm 厚的涂料，宽度视部位而定。基层处理剂常用稀释涂料，但有些渗透力强的涂料，可不涂刷基层处理剂。

（2）操作工艺

1）涂布

厚质涂料的涂布方法视涂料的流平性能而定。流平性能差的涂料常采用刮板刮平后抹压施工，流平性能好的涂料常采用刮板刮涂施工。

涂布时，一般先将涂料直接分散到基层上，用胶皮刮板来回刮涂，使它厚薄均匀一致，不露底、不存气泡、表面平整，然后待其干燥。流平性差的涂料刮平后待表面收水尚未结膜时，用铁抹子进行压实抹光。

每层涂料刮涂前，必须严格检查下涂层表面是否有气泡、皱折不平、凹坑、刮痕等弊病，如有上述情况应立即修补后，才能进行上涂层的施工。第二遍的刮涂方向应与上一遍相垂直。

立面部位涂层应在平面涂刮前进行，视涂料流平性能好坏而确定涂布次数。流平性好的涂料应薄而多次进行，否则会产生流坠现象，使上部涂层变薄，下部涂层变厚，影响防水性能。

2）胎体增强材料的铺设

由于厚质涂料涂层较厚，因此尽管其黏性较好，但在重力作用下，在大坡面上还是有向下坠的趋势。所以，胎体增强材料铺设方向与薄质涂料有些区别。屋面坡度小于15°时，采用平行屋脊方向铺设胎体增强材料；屋脊坡度大于15°时，胎体增强材料应垂直于屋脊方向铺设，铺设时应从最低处向上操作。胎体增强材料铺设可采取湿铺法或干铺法施工。

3）收头处理

收头部位胎体增强材料应裁齐，防水层应做在凹槽内，并用密封材料封压立面收头，待墙面抹灰时用水泥砂浆压封严密，勿使露边。

（四）隔热屋面防水施工

这里所说的隔热屋面是指：倒置式屋面、架空屋面、蓄水屋面和种植屋面四种。

1. 倒置式屋面

倒置式屋面就是把防水层放在保温层之下的一种方法，不需要做隔汽层。倒置式屋面由于将憎水性或吸水率低的保温材料设置在防水层的上面，与传统做法相比提高了防水层的耐久性，防止屋面结构内部结露，防水层不易受到损伤，施工工序少，降低了成本。

倒置式屋面的施工要点是：

（1）施工工序：施工准备→结构基层施工（含结构找坡或轻质材料找坡）→找平层施工→节点防水增强处理→防水层施工（涂膜＋卷材复合防水）→闭水试验（经过淋水、蓄水或下大雨）→验收合格→保温层施工→保护层（压埋层）施工→验收。

（2）结构层施工：防水层基层（找平层）应根据结构层的刚度情况设置分格缝，装配式钢筋混凝土结构层在板端设置，现浇板应在支承处设置。找平层现浇板尽量随捣随抹，找平层砂浆配比一般应不低于 1：2.5，若能在砂浆中掺加合成纤维则更好，以减少基层裂缝。找平层坡度应符合要求，最好用结构找坡，找平层一定要达到坚固、干净、平整、干燥的要求（水溶性防水涂料则对基层干燥度降低要求，但也须不积水，尽量干燥，以保证涂膜质量）。

（3）防水层施工：根据倒置式屋面对防水层的要求，一般应采用一道涂膜防水加一道卷材防水，或用一道厚质粘结剂粘铺卷材，上再加一层卷材，以使防水层与基层完全粘结牢固，彻底封闭防水层，使防水层万一渗漏水也不会在防水层下面到处流淌（串水）。

节点防水是屋面防水的重点。檐沟、泛水、立面等保温层、保护层不能做的部位，直接暴露在大气中的面层应采用耐老化性能好的防水材料；水落口、出屋面管道、阴阳角等形状复杂的节点，宜采用密封材料、多道防水涂料进行密封处理，使节点部位形成连续、可靠的防水层（如图 4-5）所示。

节点防水增强处理要先用密封材料嵌填节点处缝隙，嵌填前应将缝隙垃圾、锈渍等清扫刷除干净，使密封材料将缝两侧和管壁等粘结牢固，完全密封，然后在其上再涂刷防水涂料，

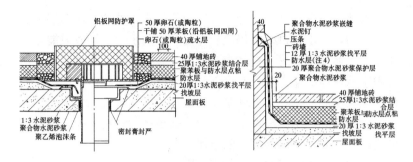

图 4-5　倒置屋面女儿墙及水落口做法

最外面再粘贴耐老化较好的卷材，以增强节点部位的防水耐久性。

（4）保温层施工：保温隔热层必须采用憎水性的、吸水率小、施工方便的材料。聚苯乙烯泡沫塑料板、FSG防水保温板、憎水性珍珠岩板是目前常用的保温隔热材料。

保温层铺设应密实稳固，与防水层间不留空隙；铺设聚苯乙烯泡沫塑料板时，随刮粘结剂随铺聚苯乙烯泡沫塑料板，板缝应尽量挤紧；铺完后应立即采用防水涂料和涤纶无纺布等进行一布二涂封缝，尽量减少雨水浸入保温层内，使保温层也能起到一道防水层的作用。

铺设 FSG 防水保温板，首先检查基层坡度，用 1：2.5 水泥砂浆修补原基层的不平处。铺砌时根据屋面的分水线，按自上而下的顺序逐块铺贴，板缝处均需满刮用 FJ 胶和水泥按 1：（1.6～1.8）比例配置、充分拌合成浆状的粘结剂（厚度 3～5mm），并使板与板之间尽量挤压紧密。遇到天沟处或女儿墙根部，留出50～100mm，在施工保护层时用保护层材料充填，以增加整体性。

（5）压埋层施工：压埋层必须对保温层起到有效的保护作用，压埋层可采用粒料、块体、水泥砂浆、细石混凝土、钢筋混凝土整浇层，也可以采用纤维毡，如有可能应尽量做成一道能防水的层次，以提高屋面的防水能力。

块体铺设分两种，一种是混凝土块体直接铺放于保温层上起压埋作用，雨水透过缝隙仍流到保温层、防水层上，故只能作为非上人屋面使用；另一种是坐浆铺砌，砂浆勾缝，这样，绝大部分雨水从块体上流走，只有少部分渗到保温层，块体较厚时可以作为上人屋面使用。如在砂浆中掺加抗裂外加剂或采用聚合物砂浆勾缝，间隔一定距离留设分格缝，嵌填密封材料，使压埋层可成为一道具有一定防水能力的层次。

水泥砂浆整体铺抹：在保温层上直接铺抹 20mm 以上的水泥砂浆，砂浆中掺加抗裂外加剂，如膨胀剂、合成纤维等，间距3m 左右设分格缝并嵌填密封材料，这样可以成为一道具有一定防水能力的构造层次，作为非上人屋面的压埋层。

细石混凝土、钢筋混凝土整浇层：保温层上浇筑细石混凝土压埋层，其厚度根据使用要求确定。构造分为配筋和不配筋两种，配筋的细石混凝土压埋层与刚性细石混凝土防水层做法基本相同；不配筋细石混凝土，宜采用小块分格，分格缝间距为 $(2\sim3)m\times(2\sim3)m$，缝宽 10～15mm，缝深 15～20mm，可用丙烯酸密封膏嵌填。使压埋层具有较好的防水能力，成为一道防水层次。

2. 架空屋面

架空屋面是在屋面防水层上架设隔热板，隔热板距屋面高度一般在 10～30cm，其间空气可以流通，从而有效地降低楼房顶层的室内温度。

隔热板一般用混凝土预制，其强度不应小于 C20，板内应放钢丝网片，板的尺寸应均匀一致，上表面应抹光。缺角少边的隔热板不得使用。

架空屋面施工时最主要的是保护好已完工的防水层。运输及堆放隔热板时要轻拿轻放。运输车不可装得太多，以免压坏防水层，铁撑角要套上橡胶套以免戳破防水层。

施工时先将屋面清扫干净，根据架空板的尺寸，弹出支座中心线。支座一般用 120mm×120mm 的砖，1：0.5：1.0 的水泥石灰膏砂浆或 M5 水泥砂浆砌筑，高度按设计要求，支座下面要垫上小块的油毡以保护防水层。

铺设架空板时，应将灰浆刮平。最上一层砖要坐上灰浆，将架空板架稳铺平，随时清扫落在防水层上的砂浆、杂物等，以保证架空隔热层气流畅通。

架空板缝宜用水泥砂浆嵌填，并按设计要求留变形缝。架空屋面不得作为上人屋面使用。

3. 蓄水屋面

蓄水屋面有较好的保温隔热效果，蓄水屋面施工时要注意以下几个问题：

（1）蓄水屋面上所有的孔洞都应预留，不得后凿。所设置的给水管、排水管和溢水管等应在防水层施工前安装完毕。

（2）每个蓄水区的防水混凝土应一次浇筑完毕，不得留施工缝；立面与平面的防水层应同时做好。

（3）蓄水屋面的坡度一般 0.5%，蓄水深度除按设计另有要求外，一般最浅处为 100~150mm。

（4）蓄水屋面可采用卷材防水、涂膜防水，也可用刚性防水，卷材和涂膜防水层上应做水泥砂浆保护层，以利于清洗屋面。涂膜不宜用水乳型防水涂料。

（5）蓄水屋面的刚性防水层完工后应及时蓄水养护。蓄水后不得长时间断水。

（6）冬季结冰的地区不宜做蓄水屋面。

4. 种植屋面

种植屋面的构造如图 4-6 所示。其中防水层最少做两

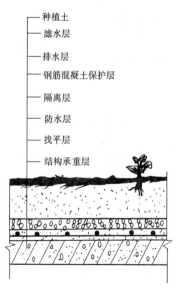

— 种植土
— 滤水层
— 排水层
— 钢筋混凝土保护层
— 隔离层
— 防水层
— 找平层
— 结构承重层

图 4-6　种植屋面构造示意图

道，其中上面一道为合成高分子卷材，下面一道可做卷材也可以做涂膜，如果做涂膜防水，不宜使用水乳型防水涂料，上下两道防水层之间应满粘，使其成为一个整体防水层。下层防水如果用涂膜，伸缩缝部位要加 300mm 宽的隔离条。如果用卷材，可采用条粘。在防水层的上面铺一层较厚的塑料薄膜（≥0.2mm）作为隔离层和防生根层，塑料薄膜上面可根据设计用 1：2.5 水泥砂浆或 C20 的细石混凝土作保护层。

保护层完工后，应做蓄水试验，无渗漏即可进行种植部位的施工。屋面上如要安装藤架、座椅以及上水管、照明管线等，应在防水施工前完成，对这些部位应按前述的规定作加强处理，防水层的高度要做到铺设种植土的部位上面 100mm 处。其他烟囱口、排气道等部位也同样处理。

在保护层上面即可按设计要求砌筑种植土挡墙，挡墙下部150mm 内应留有孔洞，以保证下层种植土中水可以自由流动，遇暴雨时多余的雨水也可以排出（如图 4-7 所示）。

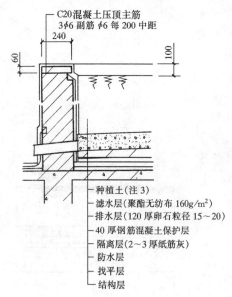

图 4-7　种植屋面挡土墙排水孔

种植屋面的排水层可用卵石或轻质陶粒。滤水层用 120 ～ 140g/m² 的聚酯无纺布。

种植屋面应设浇灌系统，较小的屋面可将水管引上屋顶，人工浇灌，较大的屋面宜设微喷灌设备，有条件时，可设自动喷灌系统。不宜用滴灌，因无法观察下层种植土的含水量，不便于掌握灌水量。

喷灌系统的水管宜用铝塑管，不宜用镀锌管，后者易锈蚀。屋面种植荷花或养鱼时，要装设进水控制阀及溢水孔，以维持正常的水位。

（五）刚性防水屋面施工

1. 材料要求

刚性防水层的细石混凝土及砂浆宜用普通硅酸盐水泥或硅酸盐水泥；当采用矿渣硅酸盐水泥时应加减水剂；水泥强度等级不应低于 42.5MPa，并不得使用火山灰质水泥。普通细石混凝土、补偿收缩混凝土的强度等级不应小于 C20。防水层内配制的钢筋宜采用冷拔低碳钢丝。

防水层的细石混凝土和砂浆中，粗骨料的最大粒径不宜大于 15mm，含泥量不应大于 1％；细骨料应采用中砂或粗砂，含泥量不应大于 2％；拌合用水应采用不含有害物质的洁净水。防水层细石混凝土使用的膨胀剂、减水剂、防水剂等外加剂，应根据不同的适用范围、技术要求进行选择。

水泥贮存时应防止受潮，存放期不得超过三个月。当超过存放期限时，应重新检验确定水泥标号。外加剂应分类保管，不得混杂，并应存放于阴凉、通风、干燥处。运输时应避免雨淋、日晒和受潮。

2. 细部构造

刚性防水层与天沟、檐沟的交接处应留凹槽，并应用密封材料封严。

刚性防水层与山墙、女儿墙、变形缝两侧墙体交接处应留宽度为 30mm 的缝隙，并应用密封材料嵌填；泛水处应铺设卷材或涂膜附加层；变形缝中应填充泡沫塑料或沥青麻丝，上面填充衬垫材料，然后用卷材封盖，顶部加扣混凝土盖板或金属盖板。

伸出屋面管道与刚性防水层交接处应留设缝隙，用密封材料嵌填，并加设柔性防水附加层；收头处固定密封。

3. 施工要求

混凝土水灰比不应大于 0.55；每立方米混凝土水泥用量不应少于 330kg；含砂率宜为 35%～40%；灰砂比应为 1：2～1：2.5。

刚性防水屋面的结构层宜为整体现浇的钢筋混凝土。当屋面结构层采用装配式钢筋混凝土板时，应用细石混凝土灌缝，其强度等级不应小于 C20，灌缝的细石混凝土宜掺微膨胀剂。当屋面板缝宽度大于 40mm 或上窄下宽时，板缝内应设置构造钢筋；板端缝应进行密封处理。

细石混凝土防水层的厚度不应小于 40mm，并应配制直径为 $\phi4$～$\phi6$mm、间距为 100～200mm 的双向钢筋网片。细石混凝土防水层中的钢筋网片，施工时应放置在混凝土中的上部，保护层厚度不应小于 10mm。分格缝截面宜做成上宽下窄。分格条安装位置应准确，起条时不得损坏分格缝处的混凝土。普通细石混凝土中掺入减水剂或防水剂时，应准确计量，投料顺序得当，搅拌均匀。混凝土搅拌时间不应少于 2 分钟。混凝土运输过程中应防止漏浆和离析。

混凝土浇筑 12～24 小时后应进行养护，养护时间不应少于 14 天，养护初期屋面不得上人。

防水层的节点施工应符合设计要求。预留孔洞和预埋件位置应准确；安装管件后，其周围应按设计要求嵌填密实。

刚性防水层施工气温宜为 5～30℃，不得在负温和烈日暴晒下施工，也不宜在大风天气施工，使混凝土、砂浆受冻或失水。

4. 补偿收缩混凝土防水施工

补偿收缩混凝土的水灰比、每立方米混凝土水泥最小用量、含砂率和灰砂比应根据所使用的膨胀剂的不同，按厂家说明书的规定执行。用膨胀剂拌制补偿收缩混凝土时，应按配合比准确称量；搅拌投料时膨胀剂应与水泥同时加入。混凝土连续搅拌时间不应少于 3 分钟。细石混凝土和补偿收缩混凝土浇筑时，每个分格板块的混凝土应一次浇筑完成，不得留施工缝；抹压时不得在表面洒水、加水泥浆或撒干水泥。混凝土收水后应进行二次压光。补偿收缩混凝土防水层的养护与细石混凝土相同。

　　除以上使用的细石混凝土和补偿收缩混凝土做刚性防水层外，近来发展的水泥基渗透结晶型防水材料用于刚性防水也很多。水泥基渗透结晶型防水材料，在与水作用后，材料中含有的活性化学物质通过载体向混凝土内部渗透，在混凝土中形成不溶于水的结晶体，填塞毛细孔道，从而使混凝土致密、起到防水的作用。《水泥基渗透结晶型防水材料》GB 18445—2001 标准中将渗透结晶型防水材料按材料使用方法分为两种：一种为渗透结晶型防水涂料，使用时将水与粉状材料搅拌均匀后，涂刷或喷涂在水泥混凝土表面；另一种也称为渗透结晶性防水剂，是将粉状材料按一定掺量直接添加到混凝土中，起到防水的作用。丙烯酸弹性水泥防水涂料（俗称 JS 防水涂料）是常用的一种水泥基渗透结晶型防水材料。JS 防水涂料是由高分子聚合物乳液（丙烯酸酯）与无机料（水泥）构成的双组分复合型防水涂料。当两个组分混合后形成高强坚韧的防水涂膜，有有机材料弹性高、无机材料耐久性好的双重特点。这些材料施工时必须按说明书的要求精确称量原材料，严格按配合比拌料，并用搅拌器搅拌均匀，涂刮后 4～8 小时即开始养护，夏季要避开中午气温高这段时间，以免失水过快，造成涂层粉化。

5. 刚性防水屋面的伸缩缝处理

　　目前用于屋面刚性防水的密封材料可分为改性沥青密封材料、合成高分子密封材料和其他密封材料三大类。密封材料嵌填在伸缩缝（或分格缝）中，密封材料应与缝的底面尤其是缝壁的两侧粘结严密牢固，才能保证不渗漏。这就要求缝壁要平整、密实、干净、干燥，所以预留分格缝时，分格条表面要平整，并且下窄上宽，振捣或刮压砂浆时，分格条两侧要拍实。抽取分格条要在砂浆初凝并有一定强度时，及时取出分格条，取得过早或过晚都会损坏分格缝的完整。屋面密封防水的接缝宽度不应大于40mm，且不应小于 10mm。

改性沥青密封材料防水施工当采用热灌法施工时，应由下向上进行，尽量减少接头。垂直于屋脊的板缝宜先浇灌，同时在纵横交叉处宜沿平行于屋脊的两侧板缝各延伸浇灌 150mm，并留成斜槎。密封材料熬制及浇灌温度，应按不同材料要求严格控制。当采用冷嵌法施工时，应先将少量密封材料批刮在缝槽两侧，分次将密封材料嵌填在缝内，用力压嵌密实，并与缝壁粘结牢固。嵌填时，密封材料与缝壁不得留有空隙，并防止裹入空气，接头应采用斜槎。

合成高分子单组分密封材料可直接使用。多组分密封材料应根据规定的比例准确计量，拌合均匀。每次拌合量、拌合时间和拌合温度应按每种密封材料的不同要求严格控制。

密封材料可使用挤出枪或腻子刀嵌填，嵌填应饱满，防止形成气泡和孔洞。当采用挤出枪施工时，应根据接缝的宽度选用口径合适的挤出嘴，均匀挤出密封材料嵌填，并由底部逐渐充满整个接缝。一次嵌填或分次嵌填应根据密封材料的性质确定。密封材料嵌填后，应在表面干前用腻子刀进行修整。多组分密封材料拌合后应在规定的时间内用完；未混合的多组分密封材料和未用完的单组分密封材料应密封存放。

近年来，在刚性防水屋面上使用建筑拒水粉取得了较好的效果。和其他防水材料一样，使用拒水粉首先产品的质量要有保证，二是施工要严格按有关的规范、规程去做。这里主要介绍拒水粉在刚性防水屋面上如何用于处理分格缝。

拒水粉处理分格缝，首先要把缝内清扫干净，清除残留的砂浆。分格缝壁如有松动部分应予铲除，分格缝内不能积水。然后将拒水粉填入缝内，距表面 20mm 处，上面覆一层塑料薄膜，用木棒在薄膜上将拒水粉压实，薄膜上用乳化沥青拌沙子将缝嵌平即可。

这里要注意的是不能让有机溶剂接触到拒水粉，也不能用水泥砂浆去压拒水粉。乳化沥青砂浆有一定的弹性并且不含溶剂，所以比较适合。

（六）轻钢金属屋面施工

轻钢金属屋面一般都是坡屋面，似乎防排水问题容易解决，但事实并非如此，其影响防水工程质量的因素很多，如设计的屋面整体自防水能力，檩条间距的大小，螺钉垫圈，密封胶的选用和节点的构造，安装的标准和方法，施工人员的责任心和技术水平等，其中一个环节的差错或不慎，都会造成金属屋面的渗漏。防水施工作为其中最后也是最重要的一个环节，必须予以高度重视。

金属压型板屋面有许多配件和零部件，如屋脊板、屋脊托板、挡水板、封檐板、包角板、泛水板、导流板等，这些配件应由生产厂家按图纸配套供应。由于目前全国还没有一个统一的标准，不同厂家生产的配件不一定能通用，施工前应根据图纸及节点图清点配件的规格、型号、数量，并分别堆放。

金属压型板是在工厂生产的定型产品，在运输及安装过程中必须按要求用专用吊具吊装，以免其损坏和变形。损坏及变形严重的压型板不得使用。

用于压型板安装的紧固件有自攻螺丝、拉铆钉、膨胀螺栓等，这些紧固件应选用专业厂生产的高质量的产品，以保证在屋面上使用时的耐久性。

螺钉的密封垫圈应选用乙丙橡胶（EPDM）制成的。

压型板屋面的纵横向搭接、收边、泛水板搭接、屋脊盖板搭接、天沟板搭接以及板的开孔等处，都必须使用密封胶密封。密封胶的种类很多，用于压型板屋面的密封胶要有极好的耐紫外线能力和抗高低温的能力，与钢板有极强的粘合力。压型板屋面的坡度一般为 16％～20％，压型板长向搭接时，两块板均应伸至支撑构件上。单层板的搭接长度为：当屋面坡度小于 10％ 时，搭接 250mm；大于、等于 10％ 时，搭接 200mm。夹芯板的搭接长度为：屋面坡度小于 10％ 时，搭接 300mm；大于、等于 10％

时，搭接 250mm。

搭接部位也可使用密封条密封，密封条是一种带隔离纸的自粘性软质聚氨酯胶条。使用时将压型板搭接处的表面用汽油擦净晾干，将密封条的隔离纸撕去，粘贴在搭接部位。

压型板的侧面搭接方向也应注意，夏季风力及雨量都较大，如侧面搭接方向不正确，雨水随风斜射就有可能从搭接部位渗入室内。施工时应注意侧面搭接方向，应按逆夏季主导风向的方向铺设压型板。

施工时紧固自攻螺丝用力要适度。用力过小，螺孔周围挤压不严；用力过大，又会使密封垫圈挤出过多或变形，这两种情况都会造成密封不严而漏雨，应以密封垫圈稍被挤出而又未变形为宜。

压型板屋面的天沟是最容易发生渗漏的部位，因屋面的雨水全部汇入天沟、再从水落管排走，下暴雨时，天沟容纳不下的雨水会从天沟边翻溢出来，"规范"中规定一根水落管的屋面最大泄水面积宜小于 $200m^2$，各地应根据当地的气候条件、历年最大集中降雨量的气象资料计算并确定水落管的集水面积和天沟的尺寸，以保证下暴雨时不溢水。天沟宜采用 10mm 厚的镀锌钢板，水落管宜用 $\phi100$ 钢管与天沟底部焊接，钢板及钢管应做防锈处理。天沟的坡度以 $2\% \sim 3\%$ 为宜，如不考虑天沟下部的外观，可直接用天沟支架找坡，如要求下部平直，可在天沟内用轻质材料如沥青珍珠岩找坡，找坡后再做防水处理。防水材料可用涂膜或卷材。

压型板的连接方式有扣盖式、自扣式或咬合式。不同型号的压型板其连接方式也稍有不同，施工时要根据生产厂家提供的图纸和节点详图进行安装。压型板屋面尽量避免开洞，必须开洞时，应靠近屋脊部位开，以利用屋脊板覆盖洞口上坡的泛水板水平缝，防止雨水渗漏。

轻钢金属屋面使用的材料除金属压型板外，比较常用的还有金属彩瓦。这种金属彩瓦是用彩色涂层的热镀锌钢板为基材，一次冲压成型，外形仿黏土平瓦，其色彩有多种可供选择。金属彩瓦屋面的配件有脊瓦、包角瓦、泛水板、导流板及变形缝盖板等。连接件有自攻螺丝、拉铆钉、膨胀螺栓等。其他配套材料有密封膏和密封垫圈，要求与压型板一样。

金属彩瓦屋面施工时，其侧向搭接方向同样应考虑当地的夏季主导风向，金属彩瓦与挂瓦条的连接，在瓦与瓦的连接处应有两个（三、四弧瓦）或三个（五弧瓦）自攻螺丝与挂瓦条固定。

脊瓦，包角瓦、泛水板、变形缝盖板等配件之间的搭接宜背主导风向，搭接长度≥150mm，中间用拉铆钉与屋面瓦连接，拉铆钉中距≤500mm，拉铆钉要避开彩瓦波谷。自攻螺丝所配的乙丙橡胶垫及压盖必须齐全且防水可靠；拉铆钉外露钉头上应涂敷密封膏。

金属压条与墙身连接时，砖墙采用水泥钉，混凝土墙应采用射钉。

（七）屋面防水细部构造施工

防水工程的细部构造是防水设计和施工中的一项重要内容。实践证明，细部构造是建筑防水工程中最薄弱的环节，很容易造成渗漏。屋面细部构造应包括檐口、檐口和天沟、女儿墙和山墙、水落口、变形缝、伸出屋面管道、屋面出入口、反梁过水孔、设施基座、屋脊、屋顶窗等部位。

（1）天沟、檐沟防水构造

1）卷材或涂膜防水屋面檐沟（如图 4-8 所示）和天沟的防水构造，应符合下列规定：

檐沟和天沟的防水层下应增设附加层，附加层伸入屋面的宽度不应小于 250mm；檐沟防水层和附加层应由沟底翻上至外侧顶部，卷材收头应用金属压条钉压，并应用密封材料封严，涂膜收头应用防水涂料多遍涂刷；檐沟外侧下端应做鹰嘴或滴水槽；

檐沟外侧高于屋面结构板时，应设置溢水口。

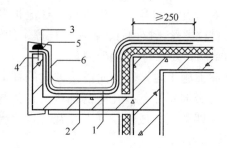

图 4-8　卷材、涂膜防水屋面檐沟
1—防水层；2—附加层；3—密封材料；4—水泥钉；
5—金属压条；6—保护层

　　2）烧结瓦、混凝土瓦屋面檐沟（如图 4-9 所示）和天沟的防水构造，应符合下列规定：

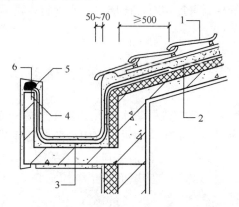

图 4-9　烧结瓦、混凝土瓦屋面檐沟
1—烧结瓦或混凝土瓦；2—防水层或防水垫层
3—附加层；4—水泥钉；5—金属压条；6—密封材料

　　檐沟和天沟防水层下应增设附加层，附加层伸入屋面的宽度不应小于 500mm；檐沟和天沟防水层伸入瓦内的宽度不应小于 150mm，并应与屋面防水层或防水垫层顺流水方向搭接；檐沟防水层和附加层应由沟底翻上至外侧顶部，卷材收头用金

属压条钉压，并应用密封材料封严，涂膜收头应用防水涂料多
遍涂刷；烧结瓦、混凝土瓦伸入檐沟、天沟内的长度，宜为
50～70mm。

　　3）沥青瓦屋面檐沟和天沟的防水构造，应符合下列规定：

　　檐沟防水层下应增设附加层，附加层伸入屋面的宽度不应
小于 500mm；檐沟防水层伸入瓦内的宽度不应小于 150mm，
并应与屋面防水层或防水垫层顺流水方向搭接；檐沟防水层和
附加层应由沟底翻上至外侧顶部，卷材收头应用金属压条钉
压，并应用密封材料封严，涂膜收头应用防水涂料多遍涂刷；
沥青瓦伸入檐沟内的长度宜为 10～20mm；天沟采用搭接式或
编制式铺设时，沥青瓦下应增设不小于 1000mm 宽的附加层
（如图 4-10 所示）。

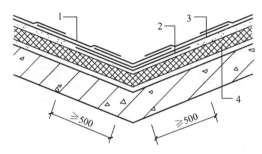

图 4-10　沥青瓦屋面天沟
1—沥青瓦；2—附加层；3—防水层或防水垫层；4—保温层

　　（2）檐口

　　卷材防水屋面檐口 800mm 范围内的卷材应满粘，卷材收头
应采用金属压条钉压，并用密封材料封严。檐口下端应做鹰嘴和
滴水槽（如图 4-11 所示）。

　　涂膜防水屋面檐口的涂膜收头，应用防水涂料多遍涂刷。檐
口下端应做鹰嘴和滴水槽（如图 4-12 所示）。

　　烧结瓦、混凝土瓦屋面的瓦头挑出檐口的长度宜为 50～
70mm（如图 4-13、图 4-14 所示）。

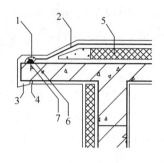
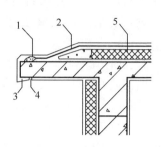

图 4-11　卷材防水屋面檐口

1—密封材料；2—卷材防水层；

3—鹰嘴；4—滴水槽；5—保温层；

6—金属压条；7—水泥钉

图 4-12　涂膜防水屋面檐口

1—涂料多遍涂刷；2—涂膜防水层；

3—鹰嘴；4—滴水槽；

5—保温层

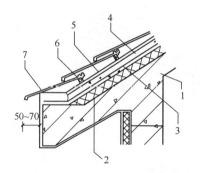
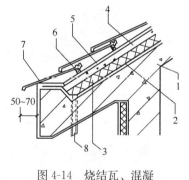

图 4-13　烧结瓦、混凝

土瓦屋面檐口（一）

1—结构层；2—保温层；3—防水层或防水垫层；4—持钉层；5—顺水条；6—挂瓦条；7—烧结瓦或混凝土瓦

图 4-14　烧结瓦、混凝

土瓦屋面檐口（二）

1—结构层；2—防水层或防水垫层；3—保温层；4—持钉层；5—顺水条；6—挂瓦条；7—烧结瓦或混凝土瓦；8—泄水管

　　沥青瓦屋面的瓦头挑出檐口的长度宜为 10～20mm；金属滴水板应固定在基层上，伸入沥青瓦下宽度不应小于 80mm，向下延伸长度不应小于 60mm（如图 4-15 所示）。

　　金属板屋面檐口挑出墙面的长度不应小于 200mm；屋面板与墙板交接处应设置金属封檐板和压条（如图 4-16 所示）。

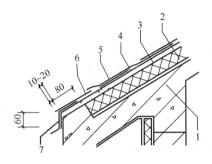

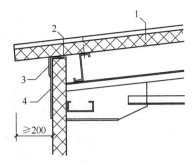

图 4-15　沥青瓦屋面檐口

1—结构层；2—保温层；3—持钉层；

4—防水层或防水垫层；5—沥青瓦；

6—起始层沥青瓦；7—金属滴水板

图 4-16　金属板屋面檐口

1—金属板；2—通长密封条；

3—金属压条；4—金属封檐板

（3）女儿墙和山墙

女儿墙的防水构造应符合下列规定：

女儿墙压顶可采用混凝土或金属制品。压顶向内排水坡度不应小于 5%，压顶内侧下端应作滴水处理；女儿墙泛水处的防水层下应增设附加层，附加层在平面和立面的宽度均不应小于 250mm；低女儿墙泛水处的防水层可直接铺贴或涂刷至压顶下，卷材收头应用金属压条钉压固定，并应用密封材料封严；涂膜收头应用防水涂料多遍涂刷（如图 4-17 所示）。高女儿墙泛水处的防水层泛水高度不应小于 250mm，泛水上部的墙体应作防水处理（如图 4-18 所示）。

山墙的防水构造应符合下列规定：

山墙压顶可采用混凝土或金属制品。压顶应向内排水，坡度不应小于 5%，压顶内侧下端应作滴水处理；山墙泛水处的防水层下应增设附加层，附加层在平面和立面的宽度均不应小于 250mm；烧结瓦、混凝土瓦屋面山墙泛水应采用聚合物水泥砂浆抹成，侧面瓦伸入泛水的宽度不应小于 50mm（如图 4-19 所示）。沥青瓦屋面山墙泛水应采用沥青基胶粘材料满粘一层沥青瓦片，防水层和沥青瓦收头应用金属压条钉压固定，并应用密封

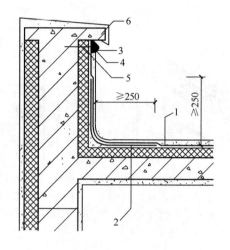

图 4-17　低女儿墙

1—防水层；2—附加层；3—密封材料；4—金属压条；
5—水泥钉；6—压顶

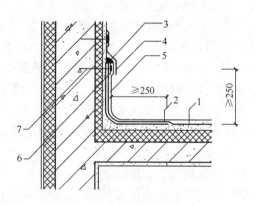

图 4-18　高女儿墙

1—防水层；2—附加层；3—密封材料；4—金属盖板；
5—保护层；6—金属压条；7—水泥钉

材料封严（如图 4-20 所示）。金属板屋面山墙泛水应铺钉厚度不
小于 0.45mm 的金属泛水板，并应顺流水方向搭接；金属泛水
板与墙体的搭接高度不应小于 250mm，与压型金属板的搭盖宽

度宜为1～2波，并应在波峰处采用拉铆钉连接（如图4-21所示）。

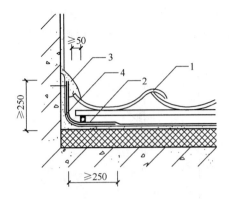

图4-19　烧结瓦、混凝土瓦屋面山墙
1—烧结瓦或混凝土瓦；2—防水层或防水垫层；
3—聚合物水泥砂浆；4—附加层

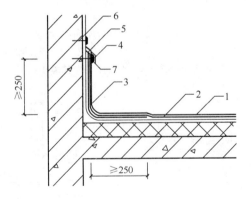

图4-20　沥青瓦屋面山墙
1—沥青瓦；2—防水层或防水垫层；3—附加层；
4—金属盖板；5—密封材料；6—水泥钉；7—金属压条

（4）水落口

重力式排水的水落口（如图4-22、图4-23所示）防水构造应符合下列规定：

水落口可采用塑料或金属制品，水落口的金属配件均应作防锈处理；水落口杯埋设标高应根据附加层的厚度及排水坡度加大的尺寸确定；水落口周围直径 500mm 范围内坡度不应小于 5%，防水层下应增设涂膜附加层；防水层和附加层伸入水落口杯内不应小于 50mm，并应粘结牢固。

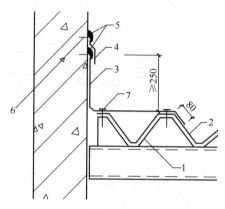

图 4-21　压型金属板屋面山墙

1—固定支架；2—压型金属板；3—金属泛水板；4—金属盖板；

5—密封材料；6—水泥钉；7—拉铆钉

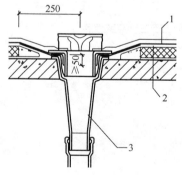 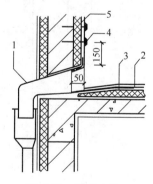

图 4-22　直式水落口

1—防水层；2—附加层；

3—水落斗

图 4-23　横式水落口

1—水落斗；2—防水层；3—附加层；

4-密封材料；5—水泥钉

（5）变形缝

变形缝防水构造应符合下列规定：

变形缝泛水处的防水层下应增设附加层，附加层在平面和立面的宽度不应小于250mm；防水层应铺贴或涂刷至泛水墙的顶部；变形缝内应预填不燃保温材料，上部应采用防水卷材封盖，并放置衬垫材料，再在其上干铺一层卷材；等高变形缝顶部宜加扣混凝土或金属盖板（如图4-24所示）；高低跨变形缝在立墙泛水处，应采用有足够变形能力的材料和构造做密封处理（如图4-25所示）。

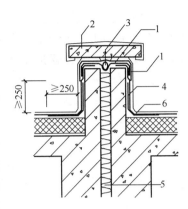

图 4-24 等高变形缝

1—卷材封盖；2—混凝土盖板；

3—衬垫材料；4—附加层；

5—不燃保温材料；6—防水层

（6）伸出屋面的管道

伸出屋面管道（如图4-26所示）的防水构造应符合下列规定：

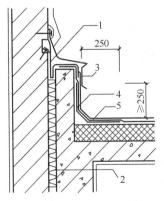

图 4-25 高低跨变形缝

1—卷材封盖；2—不燃保温材料；3—金属盖板；4—附加层；5—防水层

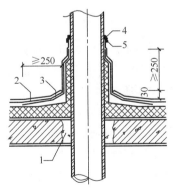

图 4-26 伸出屋面管道

1—细石混凝土；2—卷材防水层；

3—附加层；4—密封材料；5—金属箍

管道周围的找平层应抹出高度不小于30mm的排水坡；管道泛水处的防水层下应增设附加层，附加层在平面和立面的宽度均不应小于250mm；管道泛水处的防水层泛水高度不应小于250mm；卷材收头应用金属箍紧固和密封材料封严，涂膜收头应用防水涂料多遍涂刷。

（7）屋面出入口

屋面垂直出入口泛水处应增设附加层，附加层在平面和立面的宽度均不应小于250mm；防水层收头应在混凝土压顶圈下（如图4-27所示）。

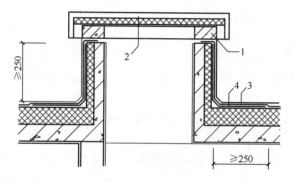

图4-27　垂直出入口
1—混凝土压顶圈；2—上人孔盖；3—防水层；4—附加层

屋面水平出入口泛水处应增设附加层和护墙，附加层在平面上的宽度不应小于250mm；防水层收头压在混凝土踏步下（如图4-28所示）。

（8）反梁过水孔

反梁过水孔构造应符合下列规定：应根据排水坡度留设反梁过水孔，图纸应注明孔底标高；反梁过水孔宜采用预埋管道，其管径不得小于75mm；过水孔可采用防水涂料、密封材料防水。预埋管道两端周围与混凝土接触处应留凹槽，并用密封材料封严。

（9）设施基座

设施基座与结构层相连时，防水层应包裹设施基座的上部，

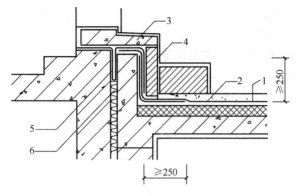

图 4-28 水平出入口

1—防水层；2—附加层；3—踏步；4—护墙；5—防水卷材封盖；6—不燃保温材料

并应在地脚螺栓周围作密封处理。在防水层上放置设施时，防水层下应增设卷材附加层，必要时应在其上浇筑细石混凝土，其厚度不应小于50mm。

（八）屋面防水工程质量通病与防治

1. 屋面防水工程质量要求

（1）防水层不得有渗漏和积水现象。

（2）使用的材料质量应符合设计要求和标准的规定。

（3）防水层坡度应正确，排水系统通畅。

（4）找平层应平整，不得有酥松、起砂、起皮现象。

（5）节点做法应符合设计要求，封固严密，不开裂。

（6）卷材铺贴方法和搭接顺序应符合要求，搭接宽度正确，接缝严密，不得有皱折、鼓泡和翘边现象。

（7）涂膜防水层厚度应符合设计要求，涂层不应有裂纹、皱折、流淌、鼓泡和露胎体现象。

（8）嵌缝密封材料应与两侧基层粘牢，密封部位光滑、平直、不开裂、不鼓泡、不下塌。

（9）刚性防水层厚度应符合设计要求，表面平整、压光，不起砂，不起皮和不开裂。分格缝位置正确，密封材料嵌填密实，粘结牢固，不开裂、不鼓泡、不下塌。

2. 卷材防水屋面常见质量问题与防治

卷材防水屋面常见质量通病有开裂、鼓泡、流淌、渗漏、破损、积水、防水层剥离等，其原因分析与预防方法见表4-4。

卷材防水屋面常见质量问题与防治方法 表4-4

项次	项目	原因分析	防治方法
A	屋面开裂	1. 产生有规则横向裂缝主要是由于温差变形，使屋面结构层产生胀缩，引起板端角变造成的。这种裂缝多数发生在延伸率较低的沥青防水卷材中	（1）在应力集中、基层变形较大的部位（如屋面板拼缝处等），先干铺一层卷材条作为缓冲层，使卷材能适应基层伸缩的变化； （2）在重要工程上，宜选用延伸率较大的高聚物改性沥青卷材或合成高分子防水卷材； （3）选用合格的卷材，腐朽、变质者应剔除不用
		2. 产生不规则裂缝主要是由水泥砂浆找平层不规则开裂造成的；此时找平层的裂缝，与卷材开裂的位置与大小相对应；另外，如找平层分格缝位置不当或处理不好，也会使卷材无规则裂缝	（1）确保找平层的配比计量、搅拌、振捣或辊压、抹光与养护等工序的质量，而洒水养护的时间不宜少于7d，并视水泥品种而定； （2）找平层宜留分格缝，缝宽一般为20mm，缝口设在预制板的拼缝处。当采用水泥砂浆或细石混凝土材料时，分格缝间距不宜大于6m；采用沥青砂浆材料时，不宜大于4m； （3）卷材铺贴与找平层的相隔时间宜控制在7～10d以上
		3. 外露单层的合成高分子防水卷材屋面中，如基层比较潮湿，且采用满粘法铺贴工艺或胶粘剂剥离强度过高时，在卷材搭接缝处也易产生断续裂缝	（1）卷材铺贴时，基层应达到平整、清洁、干燥的质量要求。如基层干燥有困难时，宜采用排汽屋面技术措施。另外，与合成高分子防水卷材配套的胶粘剂的剥离强度不宜过高； （2）卷材搭接缝宽度应符合屋面规范要求。卷材铺贴后，不得有粘结不牢或翘边等缺陷

项次	项目	原因分析	防治方法
B	卷材鼓泡（起鼓）	1. 在卷材防水层中粘结不实的部位，窝有水分，当其受到太阳照射或人工热源影响后，内部体积膨胀，造成起鼓，形成大小不等的鼓泡。卷材起鼓一般在施工后不久产生，鼓泡由小到大逐渐发展，小的直径约数十毫米，大的可达 200～300mm。鼓泡内呈蜂窝状，内部有冷凝水珠	（1）找平层应平整、清洁、干燥，基层处理剂应涂刷均匀，这是防止卷材起鼓的主要技术措施； （2）原材料在运输和贮存过程中，应避免水分侵入，尤其要防止卷材受潮。卷材铺贴应先高、后低，先远后近，分区段流水施工，并注意掌握天气预报，连续作业，一气呵成； （3）不得在雨天、大雾、大风天施工，防止基层受潮； （4）当屋面基层干燥有困难时，而又急需铺贴卷材时，可采用排汽屋面做法；但在外露单层的防水卷材中，则不宜采用
		2. 在卷材防水层施工中，由于铺贴时压实不紧，残留的空气未全部赶出而形成鼓泡	（1）沥青防水卷材施工前，应先将卷材表面清刷干净；铺贴卷材时，玛琋脂应涂刷均匀，并认真做好压实工作，以增强卷材与基层、卷材与卷材层之间的粘结力； （2）高聚物改性沥青防水卷材施工时，火焰加热要均匀、充分、适度；在铺贴时要趁热向前推滚，并用压辊滚压，排除卷材下面的残留空气
		3. 合成高分子防水卷材施工时，胶粘剂未充分干燥就急于铺贴卷材，由于溶剂残留在卷材内部，当其挥发时就可形成鼓泡	合成高分子防水卷材采用冷粘法铺贴，涂刷胶粘剂应做到均匀一致，待胶粘剂手感（指触）不粘结时，才能铺贴并压实卷材。特别要防止胶粘剂堆积过厚，干燥不足而造成卷材的起鼓

项次	项目	原因分析	防治方法
C	屋面流淌	1. 多数发生在沥青防水卷材屋面上，主要原因是沥青玛𝑡脂耐热度偏低。此时严重流淌的屋面，卷材大多折皱成团，垂直面卷材拉开脱空，卷材横向搭接有严重错动	（1）沥青玛𝑡脂的耐热度必须经过严格检验，其标号应按规范选用。垂直面用的耐热度还应提高 5～10 号； （2）对于重要屋面防水工程，宜选用耐热性能较好的高聚物改性沥青防水卷材或合成高分子防水卷材； （3）在沥青卷材防水屋面上，还可增加刚性保护层
		2. 卷材屋面施工时，沥青玛𝑡脂铺贴过厚	每层沥青玛𝑡脂厚度必须控制在 1～1.5mm，确保卷材粘结牢固，长短边搭接宽度应符合规范要求
		3. 屋面坡度大于 15% 或屋面受震动时，沥青防水卷材错误采用平行屋脊方向铺贴；而采用垂直屋脊方向铺贴卷材，在半坡进行短边搭接	（1）根据屋面坡度和有关条件，选择与卷材品种相适应的铺设方向，以及合理的卷材搭接方法； （2）垂直面上，在铺贴完沥青防水卷材后，可铺筑细石混凝土作保护层；这对立铺卷材的流淌和滑坡有一定的阻止作用
D	山墙、女儿墙推裂与渗漏	1. 结构层与女儿墙、山墙间未留空隙或嵌填松软材料，屋面结构在高温季节曝晒时，屋面结构膨胀产生推力，致使女儿墙、山墙出现横向裂缝，并使女儿墙、山墙向外位移，从而出现渗漏	屋面结构层与女儿墙、山墙间应留出大于 20mm 的空隙，并用低强度等级砂浆填塞找平

项次	项目	原因分析	防治方法
D	山墙、女儿墙推裂与渗漏	2.刚性防水层、刚性保护层、架空隔热板与女儿墙、山墙间位留空隙，受温度变形推裂女儿墙、山墙，并导致渗漏	刚性防水层与女儿墙、山墙间应留温度分格缝；刚性保护层和架空隔热板应距女儿墙、山墙至少50mm，或嵌填松散材料、密封材料
		3.女儿墙、山墙的压顶如采用水泥砂浆抹面，由于温差和干缩变形，使压顶出现横向开裂，有时往往贯通，从而引起渗漏	为避免开裂，水泥砂浆找平层水灰比要小，并宜掺微膨胀剂；同时卷材收头可直接铺压在女儿墙的压顶下，而压顶应做防水处理
E	天沟漏水	1.天沟纵向找坡太小（如小于5‰），甚至有倒坡现象（雨水斗高于天沟面）；天沟堵塞，排水不畅	天沟应按设计要求拉线找坡，纵向坡度不得小于5‰，在水落口周围直径500mm范围内不应小于5%，并应用防水涂料或密封材料涂封，其厚度不应小于2mm。水落口杯与基层接触处应留20mm×20mm凹槽，嵌填密封材料
		2.水落口杯（短管）没有紧贴基层	水落口杯应比天沟周围低20mm，安放时应紧贴于基层上，便于上部做附加防水层
		3.水落口四周卷材粘贴不密实，密封不严，或附加防水层标准太低	水落口杯与基层接触部位，除用密封材料封严外，还应按设计要求增加涂膜道数或卷材附加层数。施工后应及时加设雨水罩予以保护，防止建筑垃圾及树叶等杂物堵塞

项次	项目	原因分析	防治方法
F	檐口檐头	檐口泛水处卷材与基层粘结不牢；檐口处收头密封不严	（1）铺贴泛水处的卷材应采取满粘法工艺，确保卷材与基层粘结牢固。如基层潮湿又急需施工时，则宜用"喷火"法进行烘烤，及时将基层中多余潮气予以排除； （2）檐口处卷材密封固定的方法有两种：当为砖砌女儿墙时，卷材收头可直接铺压在女儿墙的压顶下，压顶应做防水处理；也可在砖墙上留凹槽，卷材收头压入槽内固定密封，凹槽距基层最低高度不应小于250mm，同时凹槽的上部也应做防水处理；另一种是混凝土女儿墙，此时卷材收头可用金属压条钉压，并用密封材料封固
G	卷材破损	1. 基层清扫不干净，残留砂粒或小石子	卷材防水层施工前应进行多次清扫，铺贴卷材前还应检查有否残存砂、石粒屑，遇五级以上大风应停止施工，防止脚手架上或上一层建筑物上刮下的灰砂
		2. 施工人员穿硬底鞋或带铁钉的鞋子	施工人员必须穿软底鞋，无关人员不准在铺好的防水层上任意行走踩踏
		3. 在防水层上做保护层时，运输小车（手推车）直接将砂浆或混凝土材料倾倒在防水层上	在防水层上做保护层时，运输材料的手推车必须包裹柔软的橡胶或麻布；在倾倒砂浆或混凝土材料时，其运输通道上必须铺设垫板，以防损坏卷材防水层
		4. 架空隔热板屋面施工时，直接在防水层上砌筑砖墩，沥青防水卷材在高温时变形被上部重量压破	在沥青卷材防水层铺砌砖墩时，应在砖墩下加垫一方块卷材，并均匀铺砌砖墩，安装隔热板

110

项次	项目	原因分析	防治方法
H	屋面积水	1. 屋面找坡不准，形成洼坑；水落口标高过高，雨水在天沟中无法排除	防水层施工前，对找平层坡度应作为主要项目进行检查，遇有低洼或坡度不足时，应经修补后，才可继续施工
		2. 大挑檐及中天沟反梁过水孔标高过高或过低，孔径过小，易堵塞造成长期积水	水落口标高必须考虑天沟排水坡度高差，周围加大的坡度尺寸和防水层施工后的厚度因素，施工时需经测量后确定，反梁过水孔标高亦应考虑排水坡度的高度，逐个实测确定
		3. 雨水管径过小，水落口排水不畅造成堵塞	设计时应根据年最大雨量计算确定雨水口数量与管径，且排水距离不宜太长。同时应加强维修管理，经常清理垃圾及杂物，避免雨水口堵塞
I	防水层剥离	1. 找平层有起皮、起砂现象，施工前有灰尘和潮气	严格控制找平层表面质量，施工前应进行多次清扫，如有潮气和水分，宜用"喷火"法进行烘烤
		2. 热玛瑞脂或自粘型卷材施工温度低，造成粘结不牢	适当提高热玛瑞脂的加热温度。对于自粘型卷材，可在施工前对基层适当烘烤，以利于卷材与基层的粘结
		3. 在屋面转角处，因卷材拉伸过紧，或因材料收缩，使防水层与基层剥离	在大坡面和立面施工时，卷材一定要采取满粘法工艺，必要时还可采取压条钉压固定；另外在铺贴卷材时，要注意用手持辊筒滚压，尤其在立面和交界处更应注意，否则极易造成渗漏

3. 屋面涂膜防水工程常见质量问题与防治

涂膜防水屋面常见质量通病有屋面渗漏、粘结不牢、防水层出现裂纹、脱皮、流淌、鼓泡等，保护层材料脱落以及防水层破损等，其原因分析与预防措施见表4-5。

涂膜防水屋面常见质量问题与防治方法 表4-5

项次	项目	原因分析	防治方法
A	屋面渗漏	1. 屋面积水，屋面排水系统不畅	主要是设计问题。屋面应有合理的分水和排水措施，所有檐口、檐沟、天沟、水落口等应有一定排水坡度，并切实做到封口严密，排水通畅
		2. 设计涂层厚度不足，防水层结构不合理	应按屋面规范中防水等级选择涂料品种与防水层厚度，以及相适应的屋面构造与涂层结构
		3. 屋面基层结构变形较大，地基不均匀沉降引起防水层开裂	除提高屋面结构整体刚度外，在保温层上必须设置细石混凝土（配筋）刚性找平层，并宜与卷材防水层复合使用，形成多道防线
		4. 节点构造部位封固不严，有开缝、翘边现象	主要是施工原因。坚持涂嵌结合，并在操作中务必使基面清洁、干燥，涂刷仔细，密封严实，防止脱落
		5. 施工涂膜厚度不足，有露胎体、皱皮等情况	防水涂料应分层、分次涂布，胎体增强材料铺设时不宜拉伸过紧，但也不得过松，能使上下涂层粘结牢固为度
		6. 防水涂料含固量不足，有关物理性能达不到质量要求	在防水层施工前必须抽样检查，复验合格后才可施工
		7. 双组分涂料施工时，配合比与计量不正确	严格按厂家提供的配合比施工，并应充分搅拌，搅拌后的涂料应及时用完

项次	项目	原因分析	防治方法
B	粘结不牢	1. 基层表面不平整、不清洁，有起皮、起灰等现象	（1）基层不平整如造成积水时，宜用涂料拌合水泥砂浆进行修补； （2）凡有起皮、起灰等缺陷时，要及时用钢丝刷清除，并修补完好； （3）防水层施工前，应及时将基层表面清扫，并洗刷干净
		2. 施工时基层过分潮湿	（1）应通过简易试验确定基层是否干燥，并选择晴朗天气进行施工； （2）可选择潮湿界面处理剂、基层处理剂等方法改善涂料与基层的粘结性能
		3. 涂料结膜不良	（1）涂料变质或超过保管期限； （2）涂料主剂及含固量不足； （3）涂料搅拌不均匀，有颗粒、杂质残留在涂层中间； （4）底层涂料未实干时，就进行后续涂层施工，使底层中水分或溶剂不能及时挥发，而双组分涂料则未能充分固化，形成不了完整防水膜
		4. 涂料成膜厚度不足	应按设计厚度和规定的材料用量分层、分遍涂刷
		5. 防水涂料施工时突遇大雨	掌握天气预报，并备置防雨设施
		6. 突击施工，工序之间无必要的间歇时间	根据涂层厚度与当地气候条件，试验确定合理的工序间歇时间

项次	项目	原因分析	防治方法
C	涂膜出现裂缝、脱皮、流淌、鼓泡、露胎体、皱折等缺陷	1. 基层刚度不足，抗变形能力差，找平层开裂	（1）在保温层上必须设置细石混凝土（配筋）刚性找平层； （2）提高屋面结构整体刚度，如在装配式板缝内确保灌缝密实；同时在找平层内应按规定留设温度分格缝； （3）找平层裂缝如大于0.3mm时，可先用密封材料嵌填密实，再用10～20mm宽的聚酯毡作隔离条，最后涂刮2mm厚涂料附加层； （4）找平层裂缝如小于0.3mm时，也可按上述方法进行处理，但涂料附加层厚度为1mm
		2. 涂料施工时温度过高，或一次涂刷过厚，或在前遍涂料未实干前即涂刷后续涂料	（1）涂料应分层、分遍进行施工，并按事先试验的材料用量与间隔时间进行涂布； （2）若夏天气温在30℃以上时，应尽量避开炎热的中午施工，最好安排在早晚（尤其是上半夜）温度较低的时刻操作
		3. 基层表面有砂粒、杂物，涂料中有沉淀物质	涂料施工前均将基层表面清除干净；沥青基涂料中如有沉淀物（沥青颗粒），可用32目铁丝网过滤
		4. 基层表面未充分干燥，或在湿度较大的气候下操作	可选择晴朗天气下操作，或可选用潮湿界面处理剂、基层处理剂等材料，抑制涂膜中鼓泡的形成

项次	项目	原因分析	防治方法
C	涂膜出现裂缝、脱皮、流淌、鼓泡、露胎体、皱折等缺陷	5. 基层表面不平，涂膜厚度不足，胎体增强材料铺贴不平整	（1）基层表面局部不平，可用涂料掺入水泥砂浆中先行修补平整，待干燥后即可施工； （2）铺贴胎体增强材料时，要边倒涂料，边推铺、边压实平整。铺贴最后一层胎体增强材料后，面层至少应再涂刷两遍涂料； （3）铺贴胎体增强材料时，应铺贴平整，松紧有度。同时在铺贴时，应先将布幅两边每隔 1.5～2.0m 间距各剪一个 15mm 的小口
		6. 涂膜流淌主要发生在耐热性较差的厚质涂料中	进场前应对原材料抽检复查，不符合质量要求的坚决不用；沥青基厚质涂料及塑料油膏更应注意此类问题
D	保护材料脱落	保护层材料（如蛭石粉、云母片或细砂等）未经辊压，与涂料粘结不牢	（1）保护层材料颗粒不宜过粗，使用前应筛去杂质、泥块，必要时还应冲洗和烘干； （2）在涂刷面层涂料时，应随刷随洒保护材料，然后用表面包胶皮的铁辊轻轻辗压，使材料嵌入面层涂料中
E	防水层破损	涂膜防水层较薄；在施工时若保护不好，容易遭到破损	（1）坚持按程序施工，待屋面上其他工程全部完工后，再施工涂膜防水层； （2）当找平层强度不足或者酥松、塌陷等现象时，应及时返工； （3）防水层施工后一周以内，严禁上人

4. 混凝土刚性防水屋面工程常见质量问题与防治

刚性防水屋面质量通病有屋面开裂、屋面渗漏和防水层起壳、起砂等，其原因分析和防治措施见表 4-6。

混凝土刚性防水屋面常见质量问题与防治方法 表 4-6

项次	项目	原因分析	防治方法
A	屋面开裂	1. 因结构变形（如支座的角变）、基础不均匀沉降等引起的结构裂缝。通常发生在屋面板的接缝或大梁的位置上，一般宽度较大，并穿过防水层而上下贯通	（1）细石混凝土刚性防水屋面应用于刚度较好的结构层上，不得用于有高温或有振动的建筑，也不适用于基础有较大不均匀下沉的建筑； （2）为减少结构变形对防水层的不利影响，在防水层下必须设置隔离层，可选用石灰黏土砂浆、石灰砂浆、纸筋麻刀灰或干铺细砂、干铺卷材等材料
		2. 由于大气温度、太阳辐射、雨、雪以及车间热源作用等的影响，若温度分格缝设置不合理，在施工中处理不当，都会产生温度裂缝。温度裂缝一般都是有规则的、通长的，裂缝分布与间距比较均匀	（1）防水层必须设置分格缝，分格缝应设在装配式结构的板端、现浇整体结构的支座处、屋面转折（屋脊）处、混凝土施工缝及突出屋面构件交接部位。分格缝纵横间距不宜大于 6m； （2）混凝土防水层厚度不宜小于 40mm，内配 $\phi4 \sim \phi6$ 间距为 $100 \sim 200mm$ 的双向钢筋网片。钢筋网片宜放置在防水层的中间或偏上，并应在分格缝处断开
		3. 混凝土配合比设计不当，施工时振捣不密实，压光收光不好以及早期干燥脱水、后期养护不当等，都会产生施工裂缝。施工裂缝通常是一些不规则的、长度不等的断续裂缝，也有一些是因水泥收缩而产生的龟裂	（1）防水层混凝土水泥用量不应少于 $330kg/m^3$，水灰比不宜大于 0.55，最好采用普通硅酸盐水泥。粗骨料最大粒径不应大于防水层厚度的 1/3，细骨料应用中砂或粗砂； （2）混凝土防水层的厚度应均匀一致，混凝土应采用机械搅拌、机械振捣，并认真做好压实、抹平工作，收水后应及时进行二次抹光； （3）应积极采用补偿收缩混凝土材料，但要准确控制膨胀剂掺量，以及各项施工技术要求； （4）混凝土养护时间一般宜控制在 14d 以上，视水泥品种和气候条件而定

项次	项目	原因分析	防治方法
B	屋面渗漏	1. 屋面结构层因结构变形不一致，容易在不同受力方向的连接处产生应力集中，造成开裂而导致渗漏	(1) 在非承重山墙与屋面板连接处，先灌以细石混凝土，然后分二次嵌填密封材料。嵌填深30mm、宽 15～20mm。在泛水部位，再按常规做法，增加卷材或涂膜防水附加层； (2) 在装配式结构层中，选择屋面板荷载级别时，应以板的刚度（而不以板的强度）作为主要依据
		2. 各种构件的连接缝，因接缝尺寸大小不一，材料收缩、温度变形不一致，使填缝的混凝土脱落	(1) 为保证细石混凝土灌缝质量，板缝底部应吊木方或设置角钢作为底模，防止混凝土漏浆。同时应对接缝两侧的预制板缝，进行充分湿润，并涂刷界面处理剂，确保两者之间粘结力； (2) 灌缝的混凝土材料宜掺入微膨胀剂，同时加强浇水养护，提高混凝土抗变形能力
		3. 防水层混凝土分格缝与结构层板缝没有对齐，或在屋面十字花篮梁上，没有在两块预制板上分别设置分格缝，因而引起裂缝而造成渗漏	施工时需要将防水层分格缝和板缝对齐，且密封材料及施工质量均应符合有关规范、规程的要求
		4. 女儿墙、天沟、水落口、楼梯间、烟囱及各种突出屋面的接缝或施工缝部位，因接缝混凝土（或砂浆）嵌填不严，或施工缝处理不当，形成缝隙而渗漏	女儿墙、天沟、水落口、楼梯间、烟囱及各种突出屋面的接缝或施工缝部位，除了做好接缝处理以外，还应在泛水处作增加防水处理，如附加卷材或涂膜防水层。泛水处增加防水的高度，迎水面一般不宜小于 250mm，背水面不宜小于 200mm，烟囱或通气管处不宜小于 150mm

项次	项目	原因分析	防治方法
B	屋面渗漏	5. 在嵌填密封材料时，未将分格缝内清理干净或基面不干燥，致使密封材料与混凝土粘结不良、嵌填不实	嵌填密封材料的接缝，应规格整齐，无混凝土或灰浆残渣及垃圾等杂物，并要用压力水冲洗干净。施工时，接缝两侧应充分干燥（最好用喷灯烘烤），并在底部按设计要求放置背衬材料，确保密封材料嵌填密实，伸缩自如，不渗不漏
		6. 密封材料质量较差，尤其是粘结性、延伸性与抗老化能力等性能指标，达不到规定指标	进入工地的密封材料，应进行抽样检验，发现不合格的产品，坚决剔除不用
C	防水层起壳、起砂	1. 混凝土防水层施工质量不好，特别是不注意压实、收光和养护不良	（1）切实做好清基、摊铺、碾压、收光、抹平和养护等工序。其中碾压工序，一般宜用石滚纵横来回滚压 40～50 遍，直至混凝土压出拉毛状的水泥浆为止，然后进行抹平。待一定时间后，再抹压第二第三遍，务使混凝土表面达到平整光滑； （2）宜采用补偿收缩混凝土材料，但水泥用量也不宜过高，细骨料应尽可能采用中砂或粗砂。如当地无中、粗砂时，宜采用水泥石屑面层。此时配合比为强度等级 42.5 水泥：粒径 3～6mm 石屑（或瓜米石）＝1：2.5，水灰比≤0.4； （3）混凝土应避免在酷热、严寒气温下施工，也不要在风沙和雨天中施工
		2. 刚性屋面长期暴露于大气中，日晒雨淋，时间一长，混凝土面层会发生碳化现象	根据使用功能要求，在防水层上面可做绿化屋面、蓄水屋面等；也可做饰面保护层，或刷防水涂料（彩色或白色）予以保护

五、卫生间防水工程施工

（一）概　　述

卫生间的渗漏是目前较为普遍的问题。造成卫生间渗漏的原因有以下几个方面：

1. 设计方面

设计方面主要有选材不当、涂膜厚度不够、设防不到位及节点部位处理不合理。

卫生间一般面积都不大，又要安装各种卫生洁具，同时暖气管、热水管、燃气管等都从卫生间内通过，而且都集中在墙角部位。在这样的情况下，单纯用卷材不可能把防水做好。有些设计单位还继续将卫生间防水设计为两毡三油，甚至一毡两油。施工单位在做这样的防水工程时，因管子多的部位上面无法铺油毡，只能在其上面浇上一层热沥青，这样做也可能当时不漏，甚至做蓄水试验也合格，但过一个冬天，沥青冷脆后，必然发生渗漏，应明确规定卫生间必须使用涂膜防水；较大面积的卫生间使用卷材防水时，在节点及复杂部位也必须用涂膜做防水。

有些施工图中虽然设计了用涂膜做卫生间的防水，但只是注明用某种防水涂料几布几涂，如一布四涂、两布六涂等，没有具体要求成膜后的厚度。涂膜防水的缺点之一是不容易做到涂刷均匀，而且各种防水涂料的固含量又不一样，仅仅要求几布几涂，给卫生间的防水会造成很大的隐患。

设计中选材不当的还有用乳化沥青做浴厕间的防水材料。乳化沥青是沥青、乳化剂与水的悬浮液，当水蒸发后，沥青乳化剂形成防水膜。但有些乳化剂如膨润土、石灰乳、石棉等长期在水的浸泡下，会使涂膜再乳化，这时涂膜将失去防水功能并被水冲走。所以这类乳化沥青不宜做卫生间的防水材料。

与此相似的还有丙烯酸防水涂料，有些丙烯酸防水涂料在固化后遇水长期浸泡，也会丧失防水功能，目前使用的 JS 防水涂料有些就是丙烯酸类防水涂料加粉状防水材料拌合而成。

目前用于卫生间比较合适的防水涂料应该是聚氨酯及高聚物改性沥青防水涂料，"堵漏灵"等防水材料。

设防高度一般要求防水层做到距地面 250mm 的高度，浴缸上沿 500mm 的高度以及淋浴时做 1500m 高等。实践证明这样有淋浴设备的卫生间防水层高度要做到 1.8m 以上，才能有效防止墙面渗漏。

节点部位处理不合理在平面布置方面表现为，有的地方管道太密，离墙太近，几乎没有施工的空间，即使使用防水涂料，刷子都塞不进去，难以保证防水施工的质量。而施工图中只表示了管道大概的位置并不标注具体尺寸，管道安装时就可能造成离墙太近影响了防水施工。

平面布置方面还有一个经常出现的问题是地漏的位置。安装下水管时为了美观和安装方便，往往将地漏与浴缸下水连在一起距墙较近又夹在座便与浴缸之间。造成整个卫生间向一个方向排水，地漏如果堵塞也很难疏通。建议尽可能将地漏安放在卫生间的中间、比较开阔的位置，卫生间的存水从四周向中间汇流，排水坡度容易得到保证而且便于疏通。从剖面图的标高方面有些卫生间的设计没有做到"防排结合"。现在的施工图及标准中，只是标明地漏的上口比地面低多少，其实卫生间的防水层并不在地砖表面。一般情况下，是在结构层上做找平层后即做防水层。防水层与地砖表面因洁具及坡度的不同还有不小的距离，如用蹲便器，甚至还要垫高 200mm 才铺贴地砖，这样表面渗下去的水将在防水层上积聚，日积月累，对防水很不利。在新建住宅时要考虑这一点，将地漏口降低到与防水层同一平面，地漏盖可升高与地砖面平齐。旧的卫生间翻修时，改变地漏的高度比较困难，解决的办法是用电钻在地漏管的周围打几个孔，使积聚的水能从孔中排入下水道。

2. 材料方面

主要是在市场上假冒伪劣防水材料很多，防水涂料应在进场后进行抽检（表 5-1）。

现场复检防水涂料技术指标　　　　　　　　　　表 5-1

项　目	高聚物改性沥青防水涂料	合成高分子防水涂料	
		Ⅰ类（反应固化型）	Ⅱ类（挥发固化型）
延伸率	20±2℃拉伸 4.5mm	断裂延伸率≥350％	断裂延伸率≥300％
固体含量	≥43％	≥94％	≥65％
柔性	−10℃，3mm 厚，绕 φ20 圆棒，无裂纹	−30℃弯折无裂纹	−20℃弯折无裂纹
不透水性	压力≥0.1MPa 保持时间 30min 不渗透	压力≥0.3MPa，保持时间≥30min 不渗透	

用于卫生间的防水材料常用的还有密封膏。在许多标准图中的节点部位都要求用密封膏，比如地漏口、套管周围、浴缸与墙的连接处等。选用时应根据建筑物的等级、防水工程造价、对外观和颜色的要求等合理选用。

3. 施工方面

因施工原因造成卫生间渗漏的主要因素，有涂膜涂刷的不均匀，用量太少防水膜太薄，节点部位没有处理好，基层含水率太高造成防水层起鼓脱落，以及成品保护不到位、后道工序将防水层损坏等原因。

（二）施工前的准备

1. 卫生间地面构造

（1）结构层：卫生间地面结构层宜采用整体现浇钢筋混凝土

板或预制整块开间钢筋混凝土板。若采用预制空心板时，则板缝应用防水砂浆堵严，表面 20mm 深处宜嵌填沥青基密封材料；也可在板缝嵌填防水砂浆并抹平表面后，附加涂膜防水层，即铺贴 100mm 宽玻璃纤维布一层，涂刷两道沥青基涂膜防水层，其厚度不小于 2mm。

（2）找坡层：地面应坡向地漏方向，地漏口标高应低于地面标高不小于 20mm，其排水坡度应为 2%，找坡层厚度小于 30mm 时，可用水泥混合砂浆（水泥：白灰：砂＝1∶1.5∶8）；厚度大于 30mm 时，宜用 1∶6 水泥炉渣材料（炉渣粒径宜为 5～20mm，要严格过筛）。

（3）找平层：一般为 1∶2.5 的水泥砂浆找平层，要求抹平、压光。

（4）防水层：地面防水层一般采用涂膜防水涂料。热水管、暖气管应加套管，套管应高出基层 20～40mm，并在做防水层前于套管处用密封材料嵌严。管道根部应用水泥砂浆或豆石混凝土填实，并用密封材料嵌严实，管道根部应高出地面 20mm。

（5）面层：地面装饰层可采用 1∶2.5 的水泥砂浆抹面，要抹平、压光，或根据设计要求做地面砖等。

卫生间墙面防水可根据设计要求及隔墙材料考虑。

2. 对基层的要求

（1）防水层施工前，所有管件、地漏等必须安装牢固、接缝严密。上水管、热水管、暖气管必须加套管，套管应高出地砖面。

（2）地面坡度为 2%，向地漏处排水；地漏处的排水坡度，以地漏周围半径 50mm 之内排水坡度为 5%，地漏处一般低于地面 20mm。

（3）水泥砂浆找平层应平整、坚实、抹光，无麻面、起砂松动及凹凸不平现象。

（4）阴阳角、管道根部处应抹成半径为 100～150mm 的圆弧形。

（5）穿地面的立管套管周围，应检查是否用水泥砂浆（缝隙较小时）或细石混凝土（缝隙较大时）填实。检查的方法是用錾子凿管子周围与楼板结合处，不应有空洞及松动处。

（6）基层应干净、干燥，含水率应不大于9%（能在湿基面上固化的防水涂料除外）。

3. 施工注意事项

（1）自然光线较差的卫生间，应准备足够的照明。通风较差时，应增设通风设备。

（2）防水涂料的溶剂和稀释剂都是易燃烧和易挥发的物质，施工现场要严禁吸烟和动火，并准备好灭火器材以防万一。

（3）不同的防水涂料最佳施工气温及最低施工温度不同，水乳型防水涂料应在20℃以上的气温下施工，最佳施工气温28～30℃，低于10℃时固化慢而且成膜不好。聚氨酯及溶剂型防水涂料可在－10℃及－5℃的气温时施工，但气温越低，固化所需的时间就越长。

（4）材料进场复检：防水涂料进场时应有产品合格证，并按要求抽样进行复检，复检项目为：固体含量、抗拉强度、延伸率、不透水性、低温柔性、耐高温性能以及涂膜干燥时间等。这些复检项目均应符合国家标准及有关规定的技术性能指标。

（三）卫生间的防水施工

卫生间涂膜防水以聚氨酯防水涂料、氯丁胶乳沥青防水涂料（或SBS改性沥青防水涂料）使用的较多，施工方法如下：

1. 聚氨酯防水涂料施工工艺

（1）操作顺序

清理基层→涂刷基层处理剂→涂刷附加层防水涂料→刮涂第一遍涂料→刮涂第二遍涂料→刮涂第三遍涂料→第一次蓄水试验→稀撒砂粒→质量验收→保护层施工→第二次蓄水试验。

（2）操作要点

1）清理基层。将基层清扫干净；基层应做到找坡正确，排水顺畅，表面平整、坚实，无起灰、起砂、起壳及开裂等现象。涂刷基层处理剂前，基层表面应达到干燥状态。

2）涂刷基层处理剂。基层处理剂为低黏度聚氨酯，可以起到隔离基层潮气，提高涂膜与基层粘结强度的作用。施涂前，将聚氨酯甲料与乙料及二甲苯按 1：1.5：1.5（质量比）的比例配料，搅拌均匀后，方可涂刷于基层上。先在阴阳角、管道根部均匀涂刷一遍，然后进行大面积涂刷。涂刷后应干燥 4h 以上，才能进行下道工序的施工。

3）涂刷附加层防水涂料。在地漏、阴阳角、管子根部等容易渗漏的部位，均匀涂刷一遍附加层防水涂料。配合比为甲料：乙料＝1：1.5。

4）涂刷第一遍涂料。将聚氨酯防水涂料按甲料：乙料＝1：1.5的比例混合，开动电动搅拌器，搅拌 3～5min，用胶皮刮板均匀涂刷一遍。操作时要厚薄一致，用料量为 0.8～1.0kg/m²，立面涂刮高度不应小于 150mm。

5）涂刮第二遍涂料。待第一遍涂料固化干燥后，要按上述方法涂刷第二遍涂料。涂刮方向应与第一遍相垂直，用料量与第一遍相同。

6）涂刮第三遍涂料。待第二遍涂料涂膜固化后，再按上述方法涂刷第三遍涂料。用料量为 0.4～0.5kg/m²。三道聚氨酯涂料涂刮后，用料量总计约为 2.5kg/m²，防水层厚度不小于 1.5mm。

7）第一次蓄水试验。待防水层完全干燥后，可进行第一次蓄水试验。蓄水试验 24h 后无渗漏时为合格。

8）稀撒砂粒。为了增加防水涂膜与粘结饰面层之间的粘结力，在防水层表面需边涂聚氨酯防水涂料，边稀撒砂粒（砂粒不得有棱角）。砂粒粘结固化后，即可进行保护层施工。未粘结的砂粒应清扫回收。

9）保护层施工。防水层蓄水试验不漏，质量检验合格后，即可进行保护层施工或粘铺地面砖、陶瓷锦砖等饰面层。施工时应注意成品保护，不得破坏防水层。

10）第二次蓄水试验。厕浴间装饰工程全部完成后，工程竣工前还要进行第二次蓄水试验，以检验防水层完工后是否被水电或其他装饰工程损坏。蓄水试验合格后，厕浴间的防水施工才算圆满完成。

2. 氯丁胶乳沥青防水涂料施工工艺（以二布六涂为例）

（1）操作顺序

清理基层→刮氯丁胶乳沥青水泥腻子→涂刷第一遍涂料（表干 4h）做细部构造附加层→铺贴玻纤网格布，同时涂刷第二遍涂料→涂刷第三遍涂料→铺贴玻纤网格布，同时涂刷第四遍涂料→涂刷第五遍涂料→涂刷第六遍涂料并及时撒砂粒→蓄水试验→保护层、饰面层施工→质量验收→第二次蓄水试验→防水层验收。

（2）操作要点

1）清理基层。卫生间防水施工前，应将基层浮浆、杂物、灰尘等清理干净。

2）刮氯丁胶乳沥青水泥腻子。在清理干净的基层上满刮一遍氯丁胶乳沥青水泥腻子。管道根部和转角处要厚刮并抹平整。腻子的配制方法是：将氯丁胶乳沥青防水涂料倒入水泥中，边倒边搅拌至稠浆状即可刮涂于基层，腻子厚度约 2~3mm。

3）涂刷第一遍涂料。待上述腻子干燥后，满刷一遍防水涂料，涂刷不能过厚，不得刷漏，以表面均匀不流淌、不堆积为宜。立面刷至设计高度。

4）做细部构造附加层。在阴阳角、地漏、大便器蹲坑等细部构造处，应分别附加一布二涂附加防水层，其宽度不小于 250mm。

5）铺贴玻纤网格布，同时涂刷第二遍涂料。附加防水层做完并干燥后，就可大面铺贴玻纤网格布，同时涂刷第二遍防水涂料。此时先将玻纤网格布剪成相应尺寸铺贴于基层上，然后在上面涂刷防水涂料，使涂料浸透布纹渗入基层中。玻纤网格布搭接宽度不宜小于 100mm，并顺水接槎。玻纤网格布立面应贴至设计高度，平面与立面的搭接缝应留在平面处，距立面边宜大于 200mm，收口处要压实贴牢。

6）涂刷第三遍涂料。待上遍涂料实干后（一般宜 24h 以上），再满刷第三遍涂料，涂刷要均匀。

7）铺贴玻纤网格布，刷第四遍涂料。在上述涂料表干后（4h），铺贴第二层玻纤网格布，同时满刷第四遍涂料。第二层玻纤网格布与第一层玻纤网格布接槎要错开，涂刷防水涂料时应均匀，将布展平无折皱。

8）待上述涂层实干后，满刷第五遍、第六遍防水涂料。

9）待整个防水层实干后，可做蓄水试验，蓄水时间不少于 24h，无渗漏为合格。然后做保护层或饰面层施工。在饰面层完工后，工程交付使用前应进行第二次蓄水试验，以确保卫生间防水工程质量。

3. 节点防水施工

（1）管道根部防水做法

1）立管定位后，楼板与立管之间空隙应用 1∶3 水泥砂浆堵严，如空隙较大（大于 20mm），可用细石混凝土堵塞严密。

2）热水管、暖气管需加套管，套管高为 200～400mm，留管缝 2～5mm，缝顶用建筑密封膏封严，套管高出地面 20mm，如图 5-1 所示。

3）套管周围防水层收头处，应用建筑密封膏封严，防水层按设计要求采用涂膜防水。下水管设在转角处，周围地面应里高外低，向外坡度为 5%，如图 5-2 所示。

（2）地漏的防水做法

1）排水立管定位后，四周与楼板间的空隙用防水砂浆堵严，如空隙较大也可以用防水细石混凝土堵塞严密。

2）地漏上口四周凹槽内用密封材料嵌填严密，再加铺有胎体增强材料的涂膜防水附加层，附加层涂膜伸入地漏杯口深度不

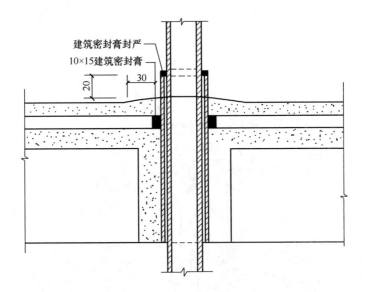

图 5-1 管道根部加套管防水做法

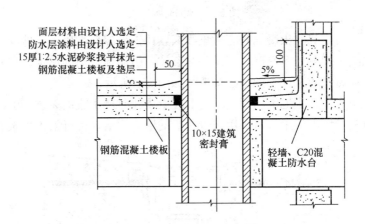

图 5-2 下水管转角墙防水做法

应少于 50mm,然后按设计要求涂刷防水涂料。

3)面层按设计要求采用饰面棚料或用水泥砂浆抹面 (20mm 厚)。

4）地漏箅子安装于面层，四周向地漏找 2% 的坡度，箅子周围 50mm 应找 5% 的坡度，以便于排水。地漏处防水做法如图 5-3 所示。

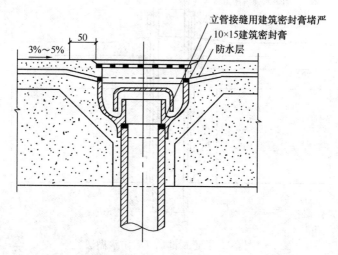

图 5-3　地漏防水做法

由于混凝土凝固时有微量收缩，铸铁地漏口大底小，外围与混凝土接触处容易产生细微收缩裂纹，引起地漏周围渗水。宜采用加铸铁防水托盘的地漏构造，如图 5-4 所示。

为了防止地漏周围灌入的混凝土硬化时产生收缩裂纹，引起地漏口周围渗水，可采用未带托盘的地漏构造，也可采用膨胀混

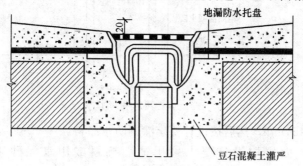

图 5-4　地漏处加防水托盘

凝土堵塞地漏周围与楼板之间的空隙。

（3）大便器防水做法

蹲式大便器防水包括进水口、排水口、排水立管与楼板接缝处，大便器蹲桶四周与地面接缝处，必须采取稳妥的防水措施，才能保证不会发生渗漏。

1）大便器排水口应在楼板上预留管孔，然后安装大便器排水口立管和承口，待细部防水处理完毕后，再将大便器出水口插入承口内安装稳固。

2）大便器立管安装固定后，与楼板之间的空隙用 1：3 防水砂浆堵塞严密，如缝大于 20mm，用 C20 细石混凝土灌孔堵严抹平，立管四周凹槽用密封材料交圈封严，上面防水层做至管顶部。在大面涂刷防水涂膜层前，在立管周围做增强附加层，以保证排水口防水质量良好。

3）大便器进水后与冲洗管接口用油麻丝及水泥砂浆封严，外做涂膜防水保护层，如图 5-5 所示。

4）大便器蹲桶四周地面应向蹲桶内放坡，坡度不小于 1%，蹲桶四周与地面接缝处应做好防水，衔接紧密。

大便器蹲坑防水做法如图 5-6 所示。

（4）小便槽防水做法

1）地面防水层应在地面四周涂高 100mm，地面面层施工应按设计要求。

2）小便槽涂膜防水层应与地面防水层交圈。墙体防水做到

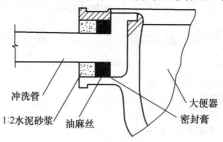

图 5-5　进水口防水做法

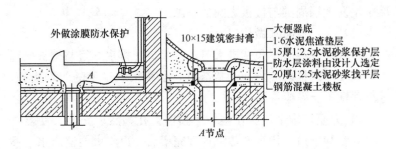

图 5-6 大便器蹲坑防水做法

超过花管高度,并两端各展开 500mm 宽度。

3) 小便槽地漏做法同厕浴间地漏做法。

4) 小便槽底坡度为 2%,坡向排水口地漏;槽外侧踏步平台做成 1% 的坡度,坡向槽内。

小便槽防水做法如图 5-7 所示。

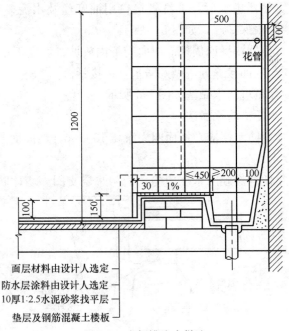

图 5-7 小便槽防水做法

4. 卫生间防水工程质量要求

（1）卫生间经蓄水试验不得有渗漏现象。

（2）涂膜防水材料进场复检后，应符合有关技术标准。

（3）涂膜防水层必须达到规定的厚度（施工时可用材料用量控制，检查时可用针刺法），应做到表面平整，厚薄均匀。

（4）胎体增强材料与基层及防水层之间应粘结牢固，不得有空鼓、翘边、折皱及封口不严等现象。

（5）排水坡度应符合设计要求，不积水，排水系统畅通，地漏顶应为地面最低处。

（6）地漏管根等细部防水做法应符合设计要求，管道畅通，无杂物堵塞。

5. 卫生间防水工程质量通病与防治

卫生间防水工程质量通病主要有地面汇水倒坡、墙面返潮和地面渗漏、地漏周围渗漏、立管四周渗漏等，其原因分析和预防措施见表5-2。

卫生间防水工程质量通病与防治方法　　　　　　　　表 5-2

项次	项目	原因分析	防治方法
A	地面汇水倒坡	地漏偏高，集水汇水性差，表面层不平有积水，坡度不顺或排水不通畅或倒流水	1. 地面坡度要求距排水点最远距离处控制在2%，且不大于30mm，坡向准确。 2. 严格控制地漏标高，且应低于地面表面5mm。 3. 卫生间地面应比走廊及其他室内地面低20～30mm。 4. 地漏处的汇水口应呈喇叭口形，集水汇水性好，确保排水通畅。严禁地面有倒坡和积水现象

项次	项目	原因分析	防治方法
B	墙面返潮和地面渗漏	1. 墙面防水层设计高度偏低，地面与墙面转角处成直角状。 2. 地漏、墙角、管道、门口等处结合不严密，造成渗漏。 3. 砌筑墙面的黏土砖含碱性和酸性物质	（1）墙面上设有水器具时，其防水高度一般为1500mm；淋浴处墙面防水高度应大于1800mm。 （2）墙体根部与地面的转角处，其找平层应做成钝角。 （3）预留洞口、孔洞、埋设的预埋件位置必须准确、可靠。地漏、洞口、预埋件周边必须设有防渗漏的附加防水层措施。 （4）防水层施工时，应保持基层干净、干燥，确保涂膜防水层与基层粘结牢固。 （5）进场黏土砖应进行抽样检查，如发现有类似问题时，其墙面宜增加防潮措施
C	地漏周围渗漏	承口杯与基体及排水管接口结合不严密，防水处理过于简陋，密封不严	1. 安装地漏时，应严格控制标高，宁可稍低于地面，也决不可超高。 2. 要以地漏为中心，向四周辐射找好坡度，坡向准确，确保地面排水迅速、通畅。 3. 安装地漏时，先将承口杯牢固地粘结在承重结构上，再将浸涂好防水涂料的胎体增强材料铺贴于承口杯内，随后仔细地再涂刷一遍防水涂料，然后再插口压紧，最后在其四周，再满涂防水涂料1～2遍，待涂膜、干燥后，把漏勺放入承轴口内。 4. 管口连接固定前，应先进行测量，复核地漏标高及位置正确后，方可对口连接、密封固定

项次	项目	原因分析	防治方法
D	立管四周渗漏	1. 穿楼板的立管和套管未设止水环。 2. 立管或套管的周边采用普通水泥砂浆堵孔，套管和立管之间的环隙未填塞防水密封材料。 3. 套管和地面相平，导致立管四周渗漏	(1) 穿楼板的立管应按规定预埋套管，并在套管的埋深处设置止水环。 (2) 套管、立管的周边应用微膨胀细石混凝土堵塞严密；套管和立管的环隙应用密封材料堵塞严密。 (3) 套管高度应比设计地面高出80mm；套管周边应做同高度的细石混凝土防水护墩

注：凡热水管、暖气管等穿过楼板时需加套管。套管高出地面不少于20mm，加上楼板结构层、找坡层、找平层及面层的厚度，套管长度一般约110～120mm；套管内径要比立管外径大2～5mm。而止水环一般焊于套管的上端向下50mm处，在止水环周围应用密封材料封嵌密实。

六、地下工程防水施工

(一) 施工前的准备

1. 图纸会审和施工方案

地下防水工程施工前，施工单位应对图纸进行会审，掌握工程主体及细部构造的防水技术要求。图纸会审是对图纸进行识读、领会掌握的过程，也是设计人员进行交底的过程。通过会审达到领会设计意图，掌握防水做法和质量要求的目的。

编制地下防水工程施工方案。施工方案是地下工程防水施工的依据、质量的保证，使施工在安全生产的前提下有条不紊地进行，取得质量、进度、效益的全面丰收。

2. 材料准备

材料包括防水材料和施工材料。防水材料包括主材和辅助材料，例如粘结剂等等。主材和辅助材料均应有符合国家产品标准的合格证和性能检测报告，进场的防水材料都必须经见证复检合格，妥善保管；数量满足正常连续施工要求。施工用材料，例如喷灯用汽油也应准备充足，保证正常施工需要。

3. 机具和劳动防护用品的准备

根据防水材料种类和施工方法准备各种施工机具。根据施工环境和安全操作规程的要求，进行安全设施、劳动保护用品的准备，例如安全帽、安全带、安全网、灭火器、通风机、手套等的准备。

4. 人力的准备

施工操作人员按施工工艺组成作业班组，每个班组均应合理安排一定数量的初级工、中级工和高级工。参加施工的人员应持证上岗，所有人员均应进行过安全教育和技术交底。施工操作人员按作业面展开情况，一个工程可以安排一个班组施工或多个班组施工。

5. 对上道工序的质量验收

防水工程是建筑工程的一部分，防水施工是建立在其他分项工程基础上的施工，例如防水层的施工是铺贴或涂抹在基层（找平层）上的，基层必须合格，否则防水层很难合格。所以防水工程施工前必须对前一道工序进行验收，验收合格后方可施工。

（二）地下防水混凝土施工

1. 防水混凝土的种类和用途

防水混凝土有普通防水混凝土和掺外加剂、掺合料防水混凝土。普通防水混凝土材料来源广泛，施工简便，广泛应用于一般工业与民用建筑的地下防水工程施工。掺外加剂、掺合料的防水混凝土，通过掺加不同性能的外加剂、掺合料，可以获得抗冻性好、拌合物流动性好、早期强度高、抗渗等级高或密实性好、抗裂性好等特点的混凝土，广泛应用于各种有不同要求的建筑工程和土木工程中。根据地下工程防水技术规范的规定，地下工程的钢筋混凝土结构应采用防水混凝土，并根据防水等级的要求采用其他措施。

2. 对防水混凝土的材料要求

（1）对水泥的要求。防水混凝土使用的水泥，应符合下列要求：

1）在不受侵蚀性介质和冻融作用时，宜采用普通硅酸盐水泥、硅酸盐水泥、采用其他水泥品种时应经试验确定；

2）在受侵蚀性介质作用时，应按介质的性质选用相应的水泥品种；

3）不得使用过期或受潮结块的水泥，并不得将不同品种或强度等级的水泥混合使用。

（2）对砂、石的要求。防水混凝土所用砂、石应符合下列要求：

1）宜选用坚固耐久、粒形良好的洁净石子；石子最大粒径不宜大于 40mm，泵送时其最大粒径不应大于输送管径的 1/4；吸水率不应大于 1.5%；不得使用碱活性骨料；石子的质量要求应符合国家现行标准《普通混凝土用碎石或卵石质量标准及检验方法》JGJ 53—92 的有关规定；

2）砂宜选用坚硬、抗风化性强、洁净的中粗砂，不宜采用海砂；砂的质量要求应符合国家现行标准《普通混凝土用砂质量标准及检验方法》JGJ 52—2006 的有关规定。

（3）拌制混凝土所用的水，应符合国家现行标准《混凝土拌合用水标准》JGJ 63—2006 的有关规定。

（4）防水混凝土可根据工程需要掺入减水剂、膨胀剂、防水剂、密实剂、引气剂、复合型外加剂及水泥基渗透结晶型材料，其品种和用量应经试验确定，所用外加剂的技术性能应符合国家现行有关标准的质量要求。

（5）防水混凝土可掺入一定数量的粉煤灰、磨细矿渣粉、硅粉等。粉煤灰的品质应符合现行国家标准《用于水泥和混凝土中的粉煤灰》GB 1596—2005 的有关规定，粉煤灰的级别不应低于Ⅱ级，掺量宜为胶凝材料总量的 20%～30%，当水胶比小于 0.45 时，粉煤灰用量可适当提高；硅粉的品质应符合比表面积大于等于 $15000m^2/kg$，二氧化硅含量大于等于 85%，硅粉掺量宜为胶凝材料总量的 2%～5%；粒化高炉矿渣粉的品质要求应符合现行国家标准《用于水泥和混凝土中的粒化高炉矿渣粉》GB/T 18406—2008 的有关规定；使用复合掺合料时，其品种和用量应经过试验确定。

（6）防水混凝土可根据工程抗裂需要掺入合成纤维或钢纤维，纤维的品种及掺量应通过试验确定。

（7）每立方米防水混凝土中各类材料的总碱量（Na_2O 当量）不得大于 3kg。

3. 防水混凝土施工

（1）配合比。防水混凝土配合比应符合下列要求：

1）胶凝材料用量应根据混凝土的抗渗等级和强度等级等选用，其总用量不宜小于 320kg/m³，当强度要求较高或地下水有腐蚀性时，胶凝材料用量可通过试验调整；

2）在满足混凝土抗渗等级、强度等级和耐久性条件下，水泥用量不宜少于 260kg/m³；

3）砂率宜为 35%～40%，泵送时可增至 45%；

4）灰砂比宜为 1∶1.5～1∶2.5；

5）水胶比不得大于 0.50，有侵蚀性介质时水胶比不宜大于 0.45；

6）普通防水混凝土坍落度不宜大于 50mm，防水混凝土采用预拌混凝土时，入泵坍落度宜控制在 120～160mm，入泵前坍落度每小时损失值不应大于 20mm，坍落度总损失值不应大于 40mm；

7）掺加引气剂或引气型减水剂时，混凝土含气量应控制在 3%～5%；

8）防水混凝土采用预拌混凝土时，缓凝时间宜为 6～8h。

混凝土在浇筑地点的坍落度每工作班至少检查两次。坍落度试验应符合现行国家标准《普通混凝土拌合物性能试验方法》GB/T 50080—2002 的有关规定。

（2）防水混凝土配料必须按配合比准确称量，每工作班检查不应少于两次，在每盘混凝土中，水泥、水、外加剂、掺合料的计量允许偏差不应大于±2%，砂、石为±3%。使用减水剂时，减水剂宜预溶成一定浓度的溶液。

（3）防水混凝土拌合物必须采用机械搅拌，搅拌时间不应小于 2min。掺外加剂时，应根据外加剂的技术要求确定搅拌时间。

（4）防水混凝土拌合物在运输后如出现离析，必须进行二次搅拌。当坍落度损失后不能满足施工要求时，应加入原水胶比的水泥浆或二次掺加同品种的减水剂进行搅拌，严禁直接加水。

（5）防水混凝土应采用机械振捣密实，避免漏振、欠振和超振。

（6）防水混凝土连续浇筑，宜少留施工缝。当留设施工缝时，应遵守下列规定：

墙体水平施工缝不应留在剪力与弯矩最大处或底板与侧墙的交接处，应留在高出底板表面不小于 300mm 的墙体上。拱（板）墙结合的水平施工缝，宜留在拱（板）墙接缝线以下150～300mm 处。墙体有预留孔洞时，施工缝距孔洞边缘不应小于300mm；垂直施工缝应避开地下水和裂隙水较多的地段，并宜与变形缝相结合。

（7）施工缝防水的构造，如图 6-1 所示。施工缝的施工应符合下列要求：

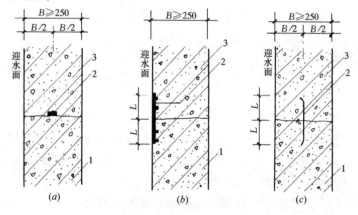

图 6-1　施工缝防水构造

（a）基本构造（一）；

1－先浇混凝土；2－遇水膨胀止水条；3－后浇混凝土

（b）基本构造（二）；

外贴止水带 $L \geqslant 150$；外涂防水涂料 $L = 200$；外抹防水砂浆 $L = 200$

1－先浇混凝土；2－外贴防水层；3－后浇混凝土

（c）基本构造（三）

钢板止水带 $L \geqslant 100$；橡胶止水带 $L \geqslant 125$；钢边橡胶止水带 $L \geqslant 120$

1－先浇混凝土；2－中埋止水带；3－后浇混凝土

1) 水平施工缝浇灌混凝土前，应将其表面浮浆和杂物清除，然后铺设净浆或涂刷混凝土界面处理剂、水泥基渗透结晶型防水涂料等材料，再铺 30～50mm 厚的 1∶1 水泥砂浆，并应及时浇筑混凝土；

2) 垂直施工缝浇筑混凝土前，应将其表面清理干净，再涂刷混凝土界面处理剂或水泥基渗透结晶型防水涂料，并及时浇筑混凝土；

3) 选用的遇水膨胀止水条（胶）应具有缓胀性能，其 7d 的净膨胀率不宜大于最终膨胀率的 60%，最终膨胀率宜大于 220%；

4) 遇水膨胀止水条（胶）应牢固地安装在缝表面或预留槽内；

5) 采用中埋式止水带或预埋式注浆管时，应确保位置准确、固定牢靠。

(8) 大体积防水混凝土施工，应符合以下规定：

1) 在设计许可的情况下，掺粉煤灰混凝土设计强度等级的龄期宜为 60d 或 90d；

2) 宜选用水化热低和凝结时间长的水泥；

3) 宜掺入减水剂、缓凝剂等外加剂和粉煤灰、磨细矿渣粉等掺合料；

4) 在炎热季节施工时，应采取降低原材料温度、减少混凝土运输时吸收外界热量等降温措施，入模温度不应大于 30℃；

5) 混凝土内部预埋管道，宜进行水冷散热；

6) 采取保温保湿养护，混凝土中心温度与表面温度的差值不应大于 25℃，混凝土表面温度与大气温度的差值不应大于 20℃，温降梯度不得大于 3℃/d，养护时间不应小于 14d。

(9) 防水混凝土结构内部设置的各种钢筋或绑扎钢丝，不得接触模板。固定模板用的螺栓必须穿过混凝土结构时，可采用工具式螺栓或螺栓加堵头，螺栓上加焊方形止水环。拆模后应采取加强防水措施将留下的凹槽封堵密实，并应用聚合物水泥砂浆抹平。如图 6-2 所示。

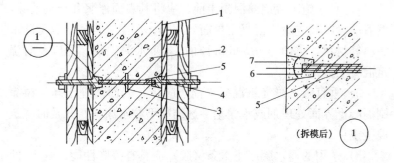

图 6-2　固定模板用螺栓的防水做法
1—模板；2—结构混凝土；3—止水环；4—工具式螺栓；
5—固定模板用螺栓；6—嵌缝材料；7—聚合物水泥砂浆

（10）防水混凝土终凝后应立即进行养护，养护时间不得少于 14d。

（11）防水混凝土的冬期施工，应符合下列规定：

1）混凝土入模温度不应低于 5℃；

2）宜采用综合蓄热法、蓄热法、暖棚法、掺化学外加剂等养护方法，不得采用电热法或蒸气直接加热法；

3）应采取保温保湿措施。

（12）防水混凝土抗渗性能，应采用标准条件下养护混凝土抗渗试件的试验结果评定。试件应在浇筑地点制作。连续浇筑混凝土每 500m³ 应留置一组抗渗试件（一组为 6 个抗渗试件），且每项工程不得少于两组。采用预拌混凝土的抗渗试件，留置组数应视结构的规模和要求而定。抗渗性能试验应符合现行《普通混凝土长期性能和耐久性能试验方法》GB/T 50082—2002 的有关规定。抗渗强度和抗渗压力必须符合设计要求。

4. 质量要求

防水混凝土的施工质量按混凝土外露面积每 100m² 抽查一处，每处 10m²，且不得少于 3 处；细部构造全数检查。防水混凝土结构表面应坚实、平整，不得有露筋、蜂窝等缺陷，表面裂缝宽度不得大于 0.2mm，并不得贯通，所有细部构造严禁有渗漏。

（三）水泥砂浆防水层施工

1. 水泥砂浆防水层的种类和用途

水泥砂浆防水层的种类有聚合物水泥防水砂浆、掺外加剂或掺合料防水砂浆等，可用于结构主体的迎水面防水，也可用于背水面防水，多采用抹压法施工。

2. 对材料的要求

（1）水泥砂浆防水层所用的材料应符合下列要求：

1）应采用普通硅酸盐水泥、硅酸盐水泥、特种水泥，严禁使用过期或受潮结块水泥；

2）砂宜采用中砂，含泥量不大于1%，硫化物和硫酸盐含量不大于1%；

3）拌制水泥砂浆所用的水，应符合国家现行标准《混凝土拌合用水标准》JGJ 63—2006 的有关规定；

4）聚合物乳液的外观：应为均匀液体，无杂质、无沉淀、不分层。聚合物乳液的质量要求应符合国家现行标准《建筑防水涂料用聚合物乳液》JC/T 1017—2006 的有关规定；

5）外加剂的技术性能应符合现行国家有关标准的质量要求。

（2）水泥砂浆防水层宜掺入外加剂、掺合料、聚合物等进行改性，改性后防水砂浆的性能应符合表 6-1 的要求。

防水砂浆主要性能要求   表 6-1

防水砂浆种类	粘结强度（MPa）	抗渗性（MPa）	抗折强度（MPa）	干缩率（%）	吸水率（%）	冻融循环（次）	耐碱性	耐水性（%）
掺外加剂、掺合料的防水砂浆	>0.6	≥0.8	同一般砂浆	同一般砂浆	≤3	>D50	10%NaOH溶液浸泡14d无变化	—
聚合物水泥防水砂浆	>1.2	≥1.5	≥8.0	≤0.15	≤4	>D50	—	≥80

3. 水泥砂浆防水层施工

（1）水泥砂浆防水层的基层应平整、坚实、粗糙、清洁，并充分湿润；基层表面的孔洞、缝隙应用与防水层相同的防水砂浆堵塞抹平，施工前应将预埋件、穿墙管预留凹槽内嵌填密封材料后，再施工水泥砂浆防水层。

（2）防水砂浆的配合比和施工方法应符合所掺材料的规定，其中聚合物水泥防水砂浆的用水量应包括乳液中的含水量。

（3）水泥砂浆防水层施工，应分层铺抹或喷射；铺抹时应压实、抹平和表面压光；各层应紧密贴合，每层宜连续施工，必须留施工缝时应采用阶梯坡形槎，但离阴阳角处的距离不得小于200mm。

（4）水泥砂浆防水层终凝后应及时养护，养护温度不低于5℃，养护时间不少于14d。聚合物水泥砂浆防水层未达到硬化状态时，不得浇水养护或直接受雨水冲刷，硬化后应采用干湿交替的养护方法，在潮湿环境中可自然养护。

水泥砂浆防水层不宜在雨天及5级以上大风中施工。冬期施工时气温不应低于5℃，夏季施工时，不应在30℃以上或烈日照射下施工。

4. 水泥砂浆防水层的质量

水泥砂浆防水层的施工质量按施工面积每100m² 抽查1处，每处10m²，且不得少于3处检查。水泥砂浆防水层表面应密实、平整，不得有裂纹、起砂、麻面等缺陷，留槎正确，接槎应按层次顺序操作，层层搭接紧密。水泥砂浆防水层各层之间必须结合牢固，无空鼓现象。水泥砂浆防水层的平均厚度应符合设计要求，最小厚度不得小于设计值的85%。水泥砂浆防水层表面平整度的允许偏差应为5mm。

（四）卷材防水层施工

1. 卷材防水层的种类和用途

卷材防水层应选用高聚物改性沥青类或合成高分子类防水卷

材，卷材防水层应铺设在混凝土结构主体的迎水面上；卷材防水层用在建筑物地下室时，应铺设在结构主体底板垫层至墙体顶端的基面上，在外围形成封闭的防水层。

2. 对材料的要求

卷材外观质量品种和主要物理力学性能应符合现行国家标准或行业标准；卷材及其胶粘剂应具有良好的耐水性、耐久性、耐穿刺性、耐腐蚀性和耐菌性；胶粘剂应与粘贴的卷材材性相容，高聚物改性沥青卷材间的粘结剥离强度不应小于 8N/10mm，合成高分子卷材胶粘剂的粘结剥离强度不应小于 15N/10mm，浸水 168h 后的粘结剥离强度保持率不应小于 70％。

3. 卷材防水层施工

（1）卷材防水层的施工条件是：

1）卷材防水层的基面应平整牢固、清洁干燥。

2）铺贴卷材严禁在雨天、雪天施工；五级风及其以上时不得施工；冷粘法施工气温不宜低于 5℃，热熔法施工气温不宜低于 -10℃。

3）铺贴卷材前应在基面上涂刷基层处理剂，当基面较潮湿时，应涂刷湿固化型胶粘剂或潮湿界面隔离剂。基层处理剂应与卷材及胶粘剂的材性相容，基层处理剂可采用喷涂法或涂刷法施工，喷涂应均匀一致，不露底，待基层处理剂表面干燥后铺贴卷材。

（2）采用热熔法或冷粘法铺贴卷材时的基本要求：

1）底板垫层混凝土平面部位的卷材宜采用空铺法或点粘法，其他与混凝土结构相接触的部位应采用满粘法；

2）采用热熔法施工高聚物改性沥青卷材时，幅宽内卷材底表面加热应均匀，不得过分加热或烧穿卷材，采用冷粘法施工合成高分子卷材时，必须采用与卷材材性相容的胶粘剂，并应涂刷均匀；

3）铺贴时应展平压实，卷材与基面和各层卷材间必须粘结紧密；

4）铺贴立面卷材防水层时，应采取防止卷材下滑的措施；

5）两幅卷材短边和长边的搭接宽度均不应小于100mm。采用合成树脂类的热塑性卷材时，搭接宽度宜为50mm，并采用焊接方式施工，焊缝有效焊接宽度不应小于30mm。采用双层卷材时，上下两层和相邻两幅卷材的接缝应错开1/3～1/2幅宽，且两层卷材不得相互垂直铺贴；

6）卷材接缝必须粘贴封严。接缝口应用材性相容的密封材料封严，宽度不应小于10mm；

7）在立面与平面的转角处，卷材的接缝应留在平面上，距立面不应小于600mm。

（3）卷材防水层外防外贴法施工：外防外贴法是待钢筋混凝土外墙施工完成后，直接把卷材防水层粘贴在钢筋混凝土的外墙面上（即迎水面上），最后做卷材防水层的保护层的施工方法。卷材外防外贴法的施工顺序是：混凝土垫层施工→砌永久性保护墙→内墙面抹灰→刷基层处理剂→转角处附加层施工→铺贴平面和立面卷材→浇筑钢筋混凝土底板和墙体→拆除临时保护墙→外墙面找平层施工→涂刷基层处理剂→铺贴外墙面卷材→卷材保护层施工→基坑回填土。

外防外贴法铺贴防水卷材施工的基本要求：

1）铺贴卷材应先铺平面，后铺立面，交接处应交叉搭接；

2）临时性保护墙用石灰砂浆砌筑，内表面应用石灰砂浆做找平层，并刷石灰浆。如用模板代替临时性保护墙时，应在其上涂刷隔离剂；

3）从底面折向立面的卷材与永久性保护墙的接触部位，应采用空铺法施工。与临时性保护墙或围护结构模板接触的部位，应临时贴附在该墙上或模板上，卷材铺好后，其顶端应临时固定；

4）当不设保护墙时，从底面折向立面的卷材的接槎部位应采取可靠的保护措施；

5）主体结构完成后，铺贴立面卷材时，应先将接槎部位的各层卷材揭开，并将其表面清理干净，如卷材有局部损伤，应及时进行修补。卷材接槎的搭接长度，高聚物改性沥青卷材为150mm，合成高分子卷材为100mm。当使用两层卷材时，卷材应错槎接缝，上层卷材应盖过下层卷材。

卷材的甩槎、接槎做法如图6-3所示。

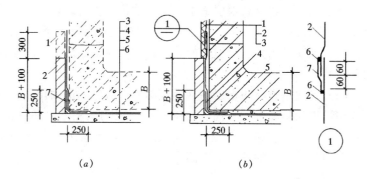

图6-3　卷材防水层甩槎、接槎做法

(a)甩槎

1—临时保护墙；2—永久保护墙；3—细石混凝土保护层；4—卷材防水层；
5—水泥砂浆找平层；6—混凝土垫层；7—卷材加强层

(b)接槎

1—结构墙体；2—卷材防水层；3—卷材保护层；4—卷材加强层；
5—结构底板；6—密封材料；7—盖缝条

卷材防水层的保护层应符合下列规定：

1）顶板卷材防水层上的细石混凝土保护层厚度不应小于70mm，防水层为单层卷材时，在防水层与保护层之间应设置隔离层；

2）底板卷材防水层上的细石混凝土保护层厚度不应小于50mm；

3）侧墙卷材防水层宜采用软保护或铺抹20mm厚的1∶3水泥砂浆。

（4）卷材防水层外防内贴法施工：当施工条件受到限制无法采用外防外贴法施工时，可采用外防内贴法施工。所谓外防内贴法卷材防水层施工是指：在结构外墙施工前先砌永久性保护墙，将卷材防水层粘贴在保护墙上，再浇筑钢筋混凝土的施工方法。外防内贴法施工顺序如下：混凝土垫层施工→外墙保护墙施工→平立面找平施工→涂刷平立面基层处理剂→加强层施工→铺贴平面和立面卷材→卷材保护层施工→钢筋混凝土结构层施工。

外防内贴法卷材防水层施工，主体结构保护墙内表面水泥砂浆找平层配合比宜为 1∶3；卷材铺贴先铺立面后铺平面，铺贴立面时，先铺转角处，后铺大面。卷材防水层铺贴后应及时做保护层。

（5）当铺贴卷材防水层的基面潮湿时，应涂刷湿固化型胶粘剂或潮湿界面隔离剂。平面卷材铺贴可以采用满粘法、条粘法、点粘法和空铺法；侧墙卷材防水层必须采取满粘法，卷材与基层、保护层与卷材的粘结应牢固。

4. 质量要求

卷材防水层的施工质量按铺贴面积每 100m² 抽查 1 处，每处 10m²，且不得少于 3 处检查；搭接缝应粘（焊）结牢固，密封严密，不得有皱折、翘边和鼓泡等缺陷；转角处、变形缝、穿墙管道等细部做法符合设计要求。

（五）涂料防水层施工

1. 涂料防水层的种类和用途

涂料防水层的种类有无机防水涂料和有机防水涂料两大类。无机防水涂料包括水泥基防水涂料、水泥基渗透结晶型涂料，主要用于结构主体的背水面防水；有机防水涂料包括反应型、水乳型、聚合物水泥防水涂料，主要用于结构主体的迎水面防水。

2. 对材料的要求

涂料防水层所选用的涂料应具有良好的耐水性、耐久性、耐腐蚀性和耐菌性，无毒、难燃、低污染；无机涂料应具有良好的湿干粘结性、耐磨性和抗刺穿性，有机防水涂料应具有较好的延伸性及较大适应基层变形能力。

3. 涂料防水层施工

（1）施工前准备。涂料防水层涂（喷）刷于基面上，对基面的要求更严格一些。基层表面的气孔、凹凸不平、蜂窝、缝隙、起砂等缺陷应修补，基面必须干净、无浮浆、无水珠、不渗水；阴阳角做成圆弧形，阴角直径宜大于 50mm，阳角直径宜大于 10mm；阴阳角、预埋件、穿墙管等部位应密封或加强处理。

（2）涂料防水层施工。其基本要点是：涂料的配制与施工，必须严格按涂料的技术要求进行，涂料防水层的总厚度应符合设计或表 6-2 的要求；涂料防水层涂刷或喷涂时，应薄涂多遍完成，待前一遍涂料实干后再进行后一遍涂料的施工；每遍涂刷时应交替改变涂层的涂刷方向，同层涂膜的先后搭茬宽度宜为30～50mm，涂层必须均匀，不得漏刷漏涂；施工缝的搭接宽度不应小于 100mm；铺贴胎体增强材料时，涂料防水层中铺贴的胎体增强材料，同层相邻的搭接宽度应大于 100mm，上下层接缝应错开 1/3 幅宽，应使胎体层充分浸透防水涂料，不得有白茬及褶皱。

防水涂料厚度（mm） 表 6-2

防水等级	设防道数	有机涂料			无机涂料	
		反应型	水乳型	聚合物水泥	水泥基	水泥基渗透结晶型
1 级	三道或三道以上设防	1.2～2.0	1.2～1.5	1.5～2.0	1.5～2.0	≥0.8
2 级	二道设防	1.2～2.0	1.2～1.5	1.5～2.0	1.5～2.0	≥0.8
3 级	一道设防	—	—	≥2.0	≥2.0	—
	复合设防	—	—	≥1.5	≥1.5	—

保护层的施工。有机防水涂料施工后，应及时做好保护层，底板、顶板处的保护层应采用 20mm 厚 1：2.5 水泥砂浆层或

$40\sim50$mm 厚的细石混凝土保护，顶板防水层与保护层之间宜设隔离层；侧墙背水面应采用 20mm 厚 $1:2.5$ 水泥砂浆保护，侧墙迎水面宜选用 $5\sim6$mm 厚的聚乙烯泡沫塑料片材、40mm 厚聚苯乙烯泡沫塑料板等软保护层或 20 厚 $1:2.5$ 水泥砂浆层保护，然后回填。

4. 质量要求

涂料防水层的施工质量检验数量，应按涂层面积每 $100m^2$ 抽查 1 处，每处 $10m^2$，且不得少于 3 处检查；要求涂料防水层与基层粘结牢固，表面平整，涂刷均匀，不得有流淌、皱折、鼓泡、露胎体和翘边等质量缺陷；防水层的平均厚度应符合要求，最小厚度不得小于设计厚度的 80%；侧墙防水层的保护层与防水层粘结牢固，结合紧密，厚度均匀一致。涂料防水层及其转角处、变形缝、穿墙管道等细部做法符合设计要求。

（六）塑料防水板防水层施工

1. 塑料防水板的种类和用途

塑料防水板的种类有乙烯-醋酸乙烯共聚物（EVA）、乙烯-共聚物沥青（ECB）、聚氯乙烯（PVC）、高密度聚乙烯（HDPE）、低密度聚乙烯（LDPE）及其他塑料防水板，幅宽 $2\sim4$m，厚度 $1\sim2$mm，其物理力学性能见表 6-3。用于初期支护与二次衬砌间的结构防水。

塑料防水板物理力学性能 表 6-3

项目	拉伸强度（MPa）	断裂延伸率（%）	热处理时变化率（%）	低温弯折性	抗渗性
指标	≥12	≥200	≤2.5	$-20℃$无裂纹	0.2MPa 24h 不透水

缓冲层选用导水性、化学稳定性、耐久性好和耐侵蚀的土工布，其单位面积质量不宜小于 $280g/m^2$，并且有一定厚度。

2. 塑料防水板防水层施工

（1）铺设防水板的基层应平整、无尖锐物。基层平整度应不大于 $D/L=1/6\sim1/10$，其中 D 为初期支护基层相邻两凸面间凹进去的深度，L 为初期支护基层相邻两凸面间的距离。

（2）防水板的铺设应超前内衬混凝土施工 $5\sim20m$，并设临时挡板防止损伤塑料防水板。

（3）铺设防水板前应先铺缓冲层，并用暗钉圈固定在基层上，如图 6-4 所示。

（4）铺设防水板时，由拱顶中心向两侧铺设，边铺边将其与暗钉圈焊接牢固。两幅防水板的搭接宽度应为 100mm，搭接缝应为双焊缝，单条焊缝的有效焊接宽度不应小于 10mm，焊接严密，不得焊焦焊穿。环向铺设时，先拱后墙，下部防水板应压住上部防水板。

（5）内衬混凝土施工时振捣棒不得直接接触防水板，浇筑拱顶时应防止防水板绷紧。

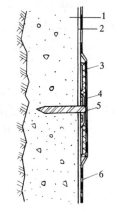

图 6-4 暗钉圈固
定缓冲层

1—初期支护；2—缓冲
层；3—热塑性圆垫圈；
4—金属垫圈；5—射钉；
6—防水板

3. 质量要求

塑料防水层的施工质量检验，按铺设面积每 $100m^2$ 抽查 1 处，每处 $10m^2$，且不得少于 3 处检查；塑料板的铺设应平顺，与基层固定牢固，不得有下垂、绷紧和破损现象。焊缝的检验应按焊缝数量抽查 5%，每条焊缝为 1 处，但不少于 3 处。采用向双焊缝间空腔内充气的方法检查，不得有泄露。

（七）地下工程渗漏水治理

1. 渗漏水治理原则

（1）查明渗漏水情况。除去地下工程的表面装饰，清除污物查出渗漏部位，确定渗漏形式、渗漏水量和水压。

（2）根据渗漏部位、渗漏形式、水量大小以及是否有水压，确定治理方案。

（3）先排水，后治理渗漏水。原则是"堵排结合，因地制宜，刚柔相济，综合治理"。

（4）渗漏水治理施工时，应先顶（拱）后墙而后底板的顺序进行，尽量少破坏原有完好的防水层。

（5）科学合理的选材。治理过程中科学选择防水材料，尽量选用无毒、低污染的材料。衬砌内注浆宜选用超细水泥浆液，环氧树脂、聚氨酯等化学浆液。防水抹面材料宜选用掺各种外加剂、防水剂、聚合物乳液的水泥净浆、水泥砂浆、特种水泥砂浆等。防水涂料宜选用水泥基渗透结晶型类、聚氨酯类、硅橡胶类、水泥基类、聚合物水泥类、改性环氧树脂类、丙烯酸酯类、乙烯-醋酸乙烯共聚物类（EVA）等涂料。

（6）对于结构仍在变形、未稳定的渗漏水，需待结构稳定后再行处理。

2. 大面积的渗漏水和漏水点的治理

（1）漏水点的查找。漏水量较大或比较明显的部位，可直接观察确定。慢渗或不明显的渗漏水，可将潮湿表面擦干，均匀撒一层干水泥粉，出现湿痕处即为渗水孔眼或缝隙。对于大面积慢渗，可用速凝胶浆在漏水处表面均匀涂一薄层，再撒一层干水泥粉，表面出现湿点或湿线处即为渗漏水位置。

（2）治理方法。大面积的一般渗漏水和漏水点是指漏水不十分明显，只有湿迹和少量滴水的渗漏，其治理方法一般是采用速凝材料直接封堵，也可对漏水点注浆堵漏，然后做防水砂浆抹面或涂抹柔性防水材料、水泥基渗透结晶型防水涂料等。当采用涂料防水时防水层表面要采取保护措施。大面积严重渗漏水一般采用综合治理的方法，即刚柔结合多道防线。首先疏通漏水孔洞，引水泄压，在分散低压力渗水基面上涂抹速凝防水材料，然后涂抹刚柔性防水材料，最后封堵引水孔洞。并根据工程结构破坏程度和需要采用贴壁混凝土衬砌加强处理。其处理顺序是：大漏引水→小漏止水→涂抹快凝止水材料→柔性防水→刚性防水→注浆堵水→必要时贴壁混凝土衬砌加强。

3. 孔洞渗漏水治理

水压和孔洞较小时，可直接采用速凝材料堵塞法治理。方法是：将漏点剔凿成直径 10～30mm，深 20～50mm 的小洞，洞壁与基面垂直，用水冲洗干净。洞壁涂混凝土界面剂后，将开始凝固的水泥胶浆塞入洞内（低于基面 10mm），挤压密实，然后在其表面涂刷素水泥浆和砂浆各一层并扫毛，再做水泥砂浆保护层。

当孔洞较大时，可用"大洞变小洞，再堵小洞"的办法治理。方法是：将漏水孔洞剔凿扩大至混凝土密实，孔壁平整并垂直基面，用水冲洗干净。将待凝固的水泥胶浆包裹一根胶管一同填塞入孔洞中，挤压密实，使洞壁处不再漏水。待胶浆有一定强度后将管子抽出，按照堵小洞的办法将管孔堵住，即可将较大的漏水洞堵住。

当水压较大时，可先用木楔塞紧，然后再填塞水泥胶浆的方法治理。

4. 裂缝渗漏水的治理

裂缝渗漏水一般根据漏水量和水压力来采取堵漏措施。水压较小的裂缝渗漏水治理方法是用速凝材料直接堵漏。方法是：沿裂缝剔凿出深度不小于 30mm、宽度不小于 15mm 的沟槽，用水冲刷干净后，用水泥胶浆等速凝材料填塞，并略低于基面，挤压密实。经检查不再渗漏后，用素浆、砂浆沿沟槽抹平、扫毛，最后用掺外加剂的水泥砂浆做防水层。

对于水压和渗水量都较大的裂缝常采用注浆方法处理。注浆材料有环氧树脂、聚氨酯等，也可采用超细水泥浆液。具体做法是：

（1）沿裂缝剔凿成 V 形沟槽，用水冲刷，清理干净；

（2）布置注浆孔：注浆孔选择在裂缝的低端，漏水旺盛处或

裂缝交叉处，间距视注浆材料和注浆压力而定，一般 500～
1000mm 设一注浆孔，将注浆嘴用速凝材料固定在注浆位置上；

（3）封闭漏水部位，即将混凝土裂缝表面及注浆嘴周边用速
凝材料封闭；

（4）灌注浆液：确定注浆压力后（注浆压力应大于水压），
开动注浆泵，浆液将沿裂缝通道到达裂缝的各处。当浆液注满裂
缝并从高处注浆嘴流出时，停止灌浆；

（5）封孔：注浆完毕，经检查无渗漏现象后，剔除注浆嘴，
堵塞注浆孔，用防水砂浆做防水面层。

5. 细部构造渗漏水的治理

（1）施工缝、变形缝渗漏水处理：一般采用综合治理的措
施，即注浆防水与嵌缝和抹面保护相结合，具体做法是将变形缝
内的原嵌填材料清除，深度约 100mm，施工缝沿缝凿槽，清洗
干净，漏水较大部位埋设引水管，把缝内主要漏水引出缝外，对
其余较小的渗漏水用快凝材料封堵。然后嵌填密封防水材料，并
抹水泥砂浆保护层或压上保护钢板，待这些工序做完后，注浆
堵水。

（2）穿墙管与预埋件的渗水处理：将穿墙管或预埋件四周的
混凝土凿开，找出最大漏水点后，用快凝胶浆或注浆的方法堵
水，然后涂刷防水涂料或嵌填密封防水材料，最后用掺外加剂水
泥砂浆或聚合物水泥砂浆进行表面保护。

七、建筑外墙防水施工

（一）建筑外墙墙体构造防水施工

建筑外墙墙体构造防水就是在装配式大板建筑和外板内浇建筑中，在墙板的外侧接缝处设置适当的线型构造，如挡水台、披水、滴水槽等，形成空腔，通过排水管将渗入墙体的雨水排出墙外，达到墙体防水的目的。

1. 建筑外墙墙体防水构造

（1）立缝。左右两块外墙板安装后形成的缝隙称为立缝，又叫垂直缝。立缝内有防水槽1~2道，如图7-1所示。防水槽内放置聚氯乙烯塑料条，在柱外侧放置油毡和聚苯板，作用是防水、保温，同时也作为浇筑组合柱混凝土时的模板。聚氯乙烯塑料条与油毡-聚苯乙烯泡沫塑料板之间形成空腔，有一道防水槽形成一道立腔，称为单腔；有两道防水槽的则形成两道立腔，称为双腔。立腔腔壁要涂刷防水涂料，使进入腔内的雨水能顺畅的

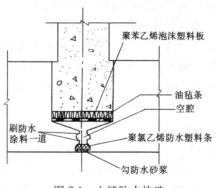

图 7-1　立缝防水构造

流下去，聚氯乙烯塑料条外侧要勾水泥砂浆。

（2）平缝。上、下外墙板之间所形成的缝隙称为平缝。外墙板的下部有挡水台和排水坡；上部有披水，在披水处放置油毡卷，外勾防水砂浆。油毡卷以内即形成水平空腔，如图 7-2 所示。进入墙内的雨水顺披水流下，由于挡水台的阻挡，顺排水坡和十字缝处的排水管排出。

（3）十字缝。十字缝位于立缝、平缝相交处。在十字缝正中设置塑料排水管，使进入立缝和平缝的雨水通过排水管排出，如图 7-3 所示。

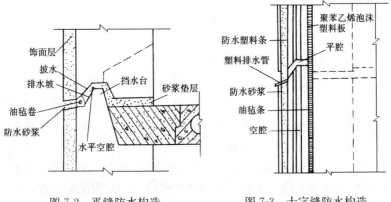

图 7-2　平缝防水构造　　　　　图 7-3　十字缝防水构造

从外墙板的防水构造可以看出，构造防水的质量取决于外墙板的防水构造的完整和外墙板的安装质量。外墙板的缝隙要大小均匀一致，挡水台、披水、滴水槽等必须完整无损，如有碰坏应及时修理。安装外墙板时要防止披水高于挡水台，防止企口缝向里错位太大，将平腔挤严。平腔或立腔内不得有砂浆和杂物，以免影响空腔排水或因毛细管作用影响防水效果。

（4）阳台、雨篷的接缝构造：阳台、雨罩板平放在外墙板上，与墙板形成的接缝为平缝，无法采用构造防水，而只能采用材料防水。具体做法是：沿阳台、雨罩板的上平缝全长，下平缝两端向内300mm，以及两侧立缝全用建筑密封材料嵌缝密封，如图 7-4 所示。

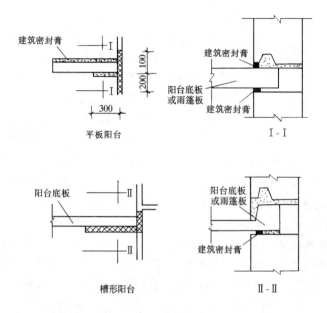

图 7-4 阳台、雨篷防水构造

2. 施工工艺顺序

现制首层通长挡水台→检查修补缺损的防水部位→起吊安装外墙板→边柱外侧插油毡聚苯板条→边柱浇灌混凝土→键槽处施工→清除平、立缝杂物→平、立缝处理→修补披水、挡水台、安装塑料排水管→平、立缝砂浆勾缝→阳台、雨罩板的防水处理→女儿墙内立缝材料防水及压顶处理→嵌填穿墙孔→养护→淋水试验。

3. 操作要点

（1）现制首层通长挡水台：首层外墙板下端沿外墙做好混凝土现制通长挡水台，外侧做好排水坡。在地下室顶板圈梁中预埋钢筋，配纵向钢筋，支模板后浇灌细石混凝土，如图 7-5 所示。在安装外墙板之前，必须对这一部位认真进行养护和保护，防止施工中被碰坏。

（2）检查修补外墙板缺损的防水部位：安装外墙板前应全面

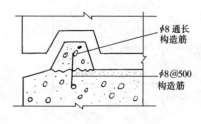

图 7-5　首层现制挡水台

检查空腔防水构造，尺寸、形状应符合设计要求，横、竖防水腔均应完整无损，立腔腔壁的防水涂料涂刷均匀、平整、无流淌和堵塞空腔沟槽及漏刷的现象。在空腔的外部及准备勾砂浆的平缝和立缝部位不得涂刷。发现破损要及时修补。

（3）起吊安装外墙板：吊装就位前必须再次检查首层挡水台是否完整，安装时应轻吊轻放，尽量一次就位准确，必要时可撬动墙板内侧进行调整，不准在披水、挡水台上撬动墙板。

要重视首层外墙板的安装质量，使之成为以上各层的基准。外墙板安装应以墙边线为基准，搞好外墙板下口定位、对线，用靠尺板找平找正，做到外墙面顺平，墙身垂直，横竖缝隙均匀一致，不得出现因企口缝错位把平腔挤严的现象。外墙板标高正确，防止披水高于挡水台。板底的找平层灰浆密实。

（4）边柱外侧插油毡聚苯板条：纵向防水空腔的油毡和聚苯板条，每层必须通长成条，宽度适宜，嵌插到底，周边严密，不得分段接插，不得鼓出或崩裂，以防止浇灌墙体节点混凝土时堵塞空腔。

（5）边柱浇灌混凝土：在振捣边柱混凝土时，要注意不可将外侧的油毡聚苯板条挤破，防止混凝土外溢造成空腔堵塞。

（6）键槽处施工：上下墙板间的连接键槽，在浇灌混凝土前要在外侧用油毡堵严，防止混凝土挤入水平空腔内，如图 7-6 所示。然后浇灌混凝土。

（7）清除平、立缝杂物：混凝土浇灌前，应检查平、立腔是否畅通，如被漏浆或杂物等堵塞，应及时清理干净。

（8）平、立缝处理：平缝内要嵌入油毡卷或低密度聚乙烯棒材，与披水及排水坡挤紧。立缝的防水塑料条宜选用厚度为

1.5~2.0mm，硬度适当的软质聚氯乙烯材料，其宽度为立缝宽度加 25mm、长度为层高加 100~150mm，以便封闭空腔上口。在塑料条外用高等级砂浆抹出挡水台，如图 7-7 所示。下端剪成圆弧形缺口，以便留排水孔。在结构施工时，防水塑料条必须随层从上往下按设计要求插入纵向空腔槽中，严禁结构吊装完毕后做装饰时才由缝前塞入。

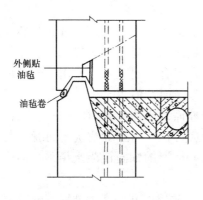

图 7-6　外墙板键槽防水示意　　　图 7-7　挡水台接缝处理

（9）修补披水、挡水台、安装塑料排水管：十字缝处的防水处理好坏，是构造防水成败的关键。相邻外墙板挡水台和披水之间的缝隙要用砂浆填实，然后将下层塑料条搭放其上，交接应严密。在上下两塑料条之间放置排水管，外端伸出墙面 10~15mm，内高外低，以便将雨水排出墙外。塑料排水管必须保持畅通。

（10）平、立缝砂浆勾缝：在空腔外侧勾水泥砂浆前要将塑料条整理好，两侧与防水槽壁顶实。勾砂浆时用力要适中，防止将立缝的塑料条或平缝的油毡卷（或低密度聚乙烯棒）挤出错位而堵塞空腔，造成渗漏。勾缝宜用防水砂浆，勾缝应平实光滑，表面比墙面低落 1~2mm。

（11）阳台、雨罩板的防水处理。此处缝隙采用材料防水施工，一般使用建筑密封膏进行密封。建筑密封膏的嵌缝有两种做法：一种是在吊装阳台板之前，将外侧接缝处清理干净，刷上冷底子油，然后将建筑密封膏搓成卷放在接缝处外侧，安装后膏体被压在板下；另一种做法是在阳台底板吊装后进行嵌缝。阳台板上下缝及两端相邻的立缝上下延伸 200mm，均应嵌填建筑密封膏，外面再抹砂浆。两阳台底板连接处也必须嵌填建筑密封膏或贴防水卷材。十字缝处的排水孔不得堵塞，阳台的泛水要正确，排水管在使用期间要经常清理，以保持畅通。

（12）女儿墙内立缝材料防水及压顶处理：屋面女儿墙现浇组合柱混凝土与预制女儿墙板之间容易产生裂缝，雨水顺缝隙流入室内，造成渗漏。因此，组合柱混凝土应采用干硬性混凝土或微膨胀混凝土。在防水施工时，沿组合柱外侧及女儿墙板的立缝用建筑密封膏填实，外面用水泥砂浆封闭保护。女儿墙板下部平缝处理用外墙板相应部位。内立缝建筑密封膏应与屋面防水卷材搭接，顶部用 60mm 厚的细石混凝土压顶，向内泛水。

（13）嵌填穿墙孔：结构施工时留的孔洞在做外墙装修前要用防水砂浆填塞，在距表面 20mm 处嵌填建筑密封膏，外面再用砂浆抹平。防水砂浆应为干硬性砂浆，并要填塞密实。

（14）养护：防水处理完成后，一般应养护 7～14 昼夜，方能进行淋水试验。

（15）淋水试验：用长为 1m、$\phi25$ 的水管，表面钻 $\phi1$ 的孔若干个，将其放在外墙最上部。接通水源后，沿每条立缝进行喷淋，使水通过立缝、水平缝、十字缝以及阳台、雨篷等部位。喷淋时间无风天为 2h，六级风时为 0.5h。

（二）建筑外墙墙体接缝密封防水施工

建筑外墙除了装配式大板和外板内浇形式以外，全现浇结构体系、GRC 外墙板、高强混凝土岩棉复合外墙板、金属墙板以及块体砌筑外墙，本身不具备防水构造，它们的防水可以借助接缝密封材料，使墙板或砌块之间连接成整体，实现墙体的气密、水密和防水保温作用。接缝密封防水又叫材料防水。

1. 接缝的特性与密封

接缝平面可以是平面形、柱面形、搭接形、榫接形的。这些缝主要是适应建筑材料或构件尺寸的需要而产生的，有时也是由于施工需要而设的施工缝，有时是为适应建筑结构需要而设的变形缝。这些缝需要封闭，否则就会使风尘雨雪通过，但又不能全部刚性固定密封，否则可能导致结构破坏。密封的主要作用就是封闭气体、液体通过接缝的通道，同时又必须保证接缝的自由位移，任何限制接缝位移或不能承受位移的结果，均会导致密封失败。

接缝密封的形式有两种：一种是现场成型密封，另一种是利用预制成型密封材料密封。所谓现场成型密封就是将不定型密封材料嵌填在接缝中，使结构或构件表面粘接并形成塑性或弹性密封体。这类接缝密封的密封材料有油灰、玛瑞脂、热塑材料和聚合物为基础的弹性密封膏。对于位移量微小的接缝，也可以用刚性密封材料，如膨胀水泥、聚合物水泥砂浆等。预制成型密封材料密封是将预制成型的密封材料衬垫以强力嵌入接缝，依靠密封材料自身的弹性恢复和压紧力封闭接缝通道。这类密封材料包括密封条、密封垫（片或圈）、止水带等。

2. 不定型密封材料的选择

（1）对密封材料的要求

1）粘结性能。密封材料与墙体材料粘结牢固，这是使墙体形成连续的防水层，使建筑物有良好的水密性和气密性所必须的基本特征。

2）弹塑性。由温差的变化、干缩的原因和外力的作用，外墙体的接缝都会受到拉伸、压缩和剪切的作用，接缝密封材料必须具有良好的弹性和塑性，不至于因外力作用而破坏。

3）耐老化性。外墙接缝密封材料必须有良好的耐候性、耐腐蚀性和抗疲劳性，能在所处环境中长期使用。

4）施工性能好。建筑接缝密封防水对密封材料的性能要求是多方面的，除了上述的粘结性、弹塑性、耐老化性能要求外，还应具有贮存稳定性好、使用时调配简单、容易嵌入、不下垂、不流坠的性能。

（2）接缝宽度的确定。接缝密封深度与宽度之比称为接缝形状系数，其最佳理论值为1/2。施工中应考虑密封材料在涂刷时形成和保持这种形状的能力。常用密封材料的接缝尺寸见表7-1。

密封材料接缝尺寸　　　　　　　　　　表 7-1

密封材料种类	接缝尺寸（mm）	
	最大宽度×深度	最小宽度×深度
硅酮系	40×20	10×10（5×5）＊
改性硅酮系	40×20	10×10（5×5）＊
聚硫化物系	40×20	10×10（6×6）＊
聚氨酯系	40×20	10×10
丙烯酸系	20×15	10×10
丁苯橡胶系	20×15	10×10
丁基橡胶系	20×15	10×10
油性系	20×15	10×10

注：＊（　）内的值是表示装配玻璃时的尺寸。

3. 施工工艺顺序

施工准备→接缝与基层处理→嵌填衬垫材料→粘贴防污条→刷打底料→嵌填密封膏→表面修整→揭去防污条→养护。

4. 操作要点

（1）施工前的准备

1）材料准备：可根据设计要求准备密封材料。常用的有聚氨酯密封膏（双组分）、丙烯酸密封膏（单组分）、EVA 密封膏（单组分）及衬垫材料、打底料等。

2）工具准备：墙体接缝密封防水施工的工具见表7-2。

施工工具   表 7-2

名　称	用　途
钢丝刷	清理基层用
小平铲（腻子刀）	清理基层或混合料配制用
小镏子	用于密封材料的表面修整
扫帚	清理基层用
皮老虎或空压机	清理基层用
油漆刷	涂刷打底料
挤压枪	嵌入密封膏
容器（铁或塑料桶）	盛溶剂及打底料用
嵌填工具	嵌填衬垫材料
电动搅拌器	搅拌双组分密封材料用

3）脚手架的准备

（2）接缝与基层处理：外墙板安装的缝隙应符合设计规定，如设计无规定时，一般不应超过20mm宽。缝隙过宽，容易使密封膏下垂，且用量太大；过窄则无法嵌填。缝隙过深，材料用量大；过浅则不易粘结密封。缝隙过大或过小均应进行修理，通过修理达到合理的形状系数。

密封膏施工的基层必须坚实、干燥、平整、无粉尘，如有油污应用丙酮等清洗剂清洗干净。

（3）嵌填衬垫材料：衬垫材料应选用弹性好的聚乙烯、聚苯乙烯泡沫板，按略大于缝宽的尺寸裁好，也可以采用聚苯乙烯塑料圆棒或圆管，用嵌填工具或腻子刀塞严，沿板缝全部贯通，不得凹陷或突出。通过嵌填衬垫材料以确定合理的宽厚比，防止密封膏断裂。

（4）粘贴防污条：防污条可采用自粘性胶带或用墙地砖粘结胶，粘贴牛皮纸条贴在板缝两侧，在密封膏修整后再揭除，以防止刷打底料及嵌填密封膏时污染墙面，并使密封膏接缝边沿整齐美观。粘贴方法如图7-8所示。

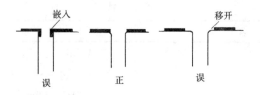

图 7-8　防污条粘贴方法

（5）涂基层处理剂：涂基层处理剂的目的在于提高密封膏与基层的粘结力，并可防止混凝土或砂浆中碱性成分的渗出。

基层处理剂一般采用密封膏和稀释剂调兑而成。依据密封膏的不同，基层处理剂的配制也不同。丙烯酸类可用清水将膏体稀释；氯磺化聚乙烯用二甲苯将膏体稀释；丁基橡胶类用 120 号汽油将膏体稀释；聚氨酯类用二甲苯稀释。将稀释好的基层处理剂用油漆刷沿接缝部位涂刷一遍。要均匀、盖底、不漏刷、不流坠、不得污染墙面。

（6）嵌填密封膏：密封膏施工有挤入法和压入法两种。

当采用双组分密封膏时，必须按配合比称料混合，经搅拌均匀后装入塑料小筒内，随用随配，防止浪费。

采用挤入法施工时，将密封膏筒放入挤压枪内，根据板缝的宽度将筒口剪成斜口，施工时斜面口接近嵌填部位底部，并要有一定的倾斜角度，扳动扳机，膏体徐徐注入板缝内，使膏体从底部充满整个板缝。

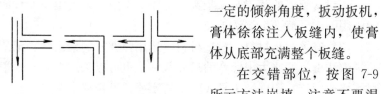

图 7-9　交错部位嵌缝

在交错部位，按图 7-9 所示方法嵌填，注意不要混入气泡。

当接缝尺寸大或底部为圆形截面时，宜采取两次充填。注意先嵌填的密封材料固化后，再进行二次嵌填。

压入法是将防水密封材料事先轧成片状，然后用腻子刀或小木条等将其压入板缝中。这种方法可以节约筒装密封材料的包装费及挤压枪损耗费，降低成本，提高工效。

（7）表面修整：一条板缝嵌好后，立即用特制的小镏子将密封膏表面压成半圆形，并仔细检查所嵌的部位，将其全部压实、镏平。

（8）揭掉防污条：密封膏修整完毕后，要及时揭掉防污条。如墙面粘上密封膏，可用与膏体配套的溶剂将其清理干净，所用工具也应及时清洗干净。

（9）养护：密封膏施工完后，应经过 7～14 天自然养护，在此期间要防止触碰及污染。

（10）淋水试验合格。

（三）建筑外墙复合防水施工

1. 建筑外墙复合防水施工的定义

建筑外墙在构造防水基础上，将板缝外表面或外墙外表面再涂刷 1～2 遍防水涂料或防水剂，使其既具有防水层的防水作用，又具有结构防水作用的建筑外墙防水施工。

2. 操作工艺顺序

清理基层→刷第一遍防水涂料→刷第二遍防水涂料→养护→淋水试验。

3. 操作要点

（1）清理基层：将基层用钢丝刷刷干净，再用毛刷（油漆刷）除去浮土。基层要求平整、干燥、无松动、无浮土、无污物。不符合要求的应修整，有裂缝的基层应先处理裂缝，根据缝宽分别用防水涂料或密封材料填缝。

（2）刷第一遍防水涂料：在清理干净的基层上，刷第一遍防水涂料，要求涂刷均匀、不漏刷、不流淌。厚度根据材料要求决定。宽度要求在缝两侧加宽各 10mm。

（3）刷第二遍防水涂料：第一遍防水涂料实干后，再涂刷第二遍防水涂料。

（4）养护：一般养护 2～3 昼夜。

（5）淋水试验合格。

八、构筑物防水施工

（一）水池防水施工

1. 对材料的要求

（1）根据结构选材。对于平面尺寸较小的水池，结构变形小，一般采用刚性防水材料做防水层；对于贮量较大的水池，由于结构易产生变形开裂，一般选用延伸性较好的防水卷材或防水涂料做防水层。经常受强烈振动、冲击、磨损的地下水池工程，可采用金属防水层。

（2）根据用途选材。贮存或过滤沉淀生活用水、养殖用水以及种植用水的水池，防水材料应是无毒无害的；热水池选用耐热度高的防水材料；污水处理选用具有较高的耐酸碱、耐腐蚀性能好的防水材料。

下面仅以卷材防水来对水池的防水施工作一介绍。

2. 水池卷材防水施工

这里以三元乙丙-丁基橡胶卷材防水为例，介绍水池卷材防水的施工要点。

（1）材料准备：三元乙丙-丁基橡胶卷材、聚氨酯底胶、CX-404 胶粘剂、丁基粘结剂、聚氨酯嵌缝膏、二甲苯、乙酸乙酯。

（2）施工机具：手提式电动搅拌机、高压吹风机、平铲、钢丝刷、扫帚、铁桶、色粉袋、弹线、剪刀、滚刷、油漆刷、压辊、橡皮刮板、铁抹子、开罐刀、棉纱、皮卷尺、钢卷尺。

（3）施工工艺：基层处理→涂刷聚氨酯底胶→复杂部位增强处理→爬梯密封处理→排料弹线→铺贴卷材防水层→蓄水试验→

保护层施工→检查验收。

（4）操作要点：

1）基层处理：铲除基层表面的异物；用高压吹风机吹扫阴阳角、管根、排水口等部位；用溶剂清洗基层表面油污。

2）涂刷聚氨酯底胶：将聚氨酯涂膜防水材料按甲料∶乙料=1∶3的比例（质量比）配合，搅拌均匀即成底胶。将配好的底胶用毛刷在阴阳角、管根部涂刷，再用长把辊刷进行大面积涂布，厚薄要均匀一致，不得有漏刷露底现象。

3）复杂部位增强处理：在水池底板与立面交接处，立面转角处每边250mm处铺贴三元乙丙-丁基橡胶卷材加强层，供水管、泄水管穿墙体或底板部位应先密封，再铺贴加强层（圈），加强层应伸入泄水口内不少于50mm。

4）爬梯密封处理：爬梯应埋设牢固，根部应进行密封处理；未处理时应剔錾20mm×20mm槽，清理冲洗干净，干燥后嵌填密封材料密封，并铺贴一层卷材加强层。

5）排料弹线：测量池底宽度，根据卷材幅宽和纵向搭接宽度，计量排列卷材的铺贴位置，避免纵向搭接缝距平立面交接处太近（宜大于350mm），并在底板上弹出。

6）铺贴卷材防水层：先铺平面再铺立面。平面铺贴卷材的顺序，可以从中间开始向两边推进，也可以从两边（或一边）开始向中间推进。铺贴卷材前，先在铺贴位置涂刷粘结剂，涂刷均匀，不得漏涂，再在卷材上涂粘结剂，待粘结剂表干后，铺贴卷材，边铺边用小压辊压实，赶出粘结部位的空气。卷材与卷材的搭接长、短边均为80mm，短边接头应错开半幅卷材以上，不得形成十字缝。接头处理的做法是：将接头处翻开，每隔500～1000mm用CX-404胶临时固定，大面积卷材铺好后即粘贴接头。将丁基粘结剂A∶B=1∶1（质量比）的比例配合搅拌均匀，用毛刷均匀涂刷在翻开接头的表面，干燥10～30min，从一端开始边压合边挤出空气，粘贴好的接头不允许有皱褶、气泡等缺陷，然后用铁辊滚压一遍，卷材重叠三层的部位，用聚氨酯嵌缝膏密封。

7）蓄水试验：卷材防水层完工后，做蓄水试验。无渗漏为合格。

8）保护层施工：蓄水试验合格后，放水干燥，在防水层上薄涂一层聚氨酯涂膜防水材料，随刷随铺细砂。待该层涂料固化成膜后，在其上做刚性保护层。

水池卷材防水的构造做法如图 8-1 所示。

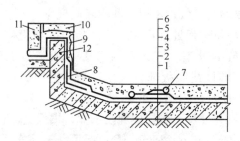

图 8-1　水池卷材防水构造

1—素土夯实；2—水池底板；3—基层处理剂（聚氨酯底胶）及胶粘剂；
4—卷材防水层搭接缝；5—卷材附加层；6—细石混凝土保护层；7—嵌缝
密封膏；8—卷材附加补强层；9—水泥砂浆粘结层；10—剁斧花岗岩块；
11—混凝土压块；12—钢筋混凝土池壁

（二）水塔水箱防水施工

1. 水塔水箱构造

水塔是建筑群的主要配套构筑物，水塔水箱的防水施工是建筑防水施工的一个组成部分。水塔水箱有平底水箱和壳形底水箱。砖砌水箱或钢筋混凝土平底水箱一般容积为 $30 \sim 50 m^3$，钢筋混凝土壳形底水箱一般容积为 $100 \sim 200 m^3$。

水塔水箱是圆柱形或圆锥形封闭蓄水容器，内设进出水管、泄水管等。水箱顶设保温层、防水层，水箱壁外侧做砖护壁，内设防水层，水塔水箱的构造如图 8-2 所示。

由于水塔水箱的平面尺寸较小，直径一般小于 8m，其结构

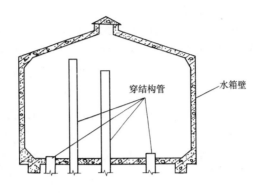

图 8-2　水塔水箱构造示意

紧凑，不易产生变形、开裂，因此宜采用结构自防水和防水砂浆等刚性防水做法。也可选用无毒、挥发性小的防水涂料。饮用水水箱所用的防水涂料，必须符合国家饮用水检验标准。

2. 水泥砂浆防水层施工

（1）施工工艺顺序：施工准备→基层处理→涂抹防水层→养护。

（2）操作要点：

1）施工准备：水泥采用强度等级不低于 32.5MPa 的普通硅酸盐水泥或硅酸盐水泥；砂为中砂，含泥量小于 1%，水为洁净水（自来水）。水泥砂浆防水层配合比见表 8-1。

水泥砂浆防水层配合比　　　　　　表 8-1

名称	配合比（质量比）		水灰比	适用范围
	水泥	砂		
水泥浆	1		0.55～0.60	水泥砂浆防水层的第一层
水泥浆	1		0.37～0.40	水泥砂浆防水层的第三、五层
水泥砂浆	1	1.5～2.0	0.40～0.50	水泥砂浆防水层的第二、四层

工具与设备的准备中应有水泥砂浆搅拌设备、提升运输设备、灰斗、材料称量设备、抹灰工具、扫帚、基层清理工具以及

必要的安全与防护用品。

2）基层处理：基层表面应平整、坚实、粗糙、清洁，基层表面的孔洞、缝隙用水泥砂浆堵塞抹平，方法是先清扫干净，洒水湿润，涂抹水泥浆1～2mm，水泥砂浆堵塞并抹平，扫毛面。

3）涂抹防水层：第一，将穿墙（结构）管和预埋件预留凹槽用密封材料密封；第二，待抹灰基层洒水湿润；第三，按照先顶面—立面—底面的顺序抹灰；第四，按表8-2所列方法抹灰，每层宜连续施工，如必须留槎时，采用阶段坡形槎，但离阴阳角的距离应大于200mm，接茬应依层次顺序操作，层层搭接紧密。

4）养护：砂浆防水层终凝后进行养护，养护温度不低于5℃，养护时间不少于14d，养护期间保持湿润。

水泥砂浆防水层抹灰方法 表8-2

分层做法	厚度（mm）	操　作　要　点
第一层水泥浆	2	分两次抹压，头道厚1mm结合层，用铁抹子反复用力抹压5～6遍，使素灰填实找平层孔隙，再均匀抹1mm厚素水泥浆找平，用毛刷轻轻将灰面拉成毛纹
第二层水泥砂浆层	4～6	第一层素水泥浆层初凝后，手指能按入1/2深时抹，抹压要轻，不破坏素浆层，但需与素浆层牢固地粘结在一起。在水泥砂浆初凝前用扫帚顺一方向扫出横向纹路，避免来回扫，以防砂浆脱落
第三层水泥浆	2	隔24h抹，基层稍洒水湿润，操作同第一层，但按垂直方向刮抹素水泥浆，并上下往返刮抹4～5次
第四层水泥砂浆层	4～6	在第三层素水泥浆凝结前进行，抹法同前，抹后在砂浆初凝前用铁抹子分两次抹压4～5遍以增加密实度
第五层水泥浆	2	用毛刷依次均匀涂刷素水泥浆一遍，稍干，提浆，与第四层抹实压光

九、安全防护与劳动保护

1. 防火措施

（1）建筑防水工程施工必须遵守国务院颁布的《建筑安装工程安全技术规程》和《中华人民共和国消防条例》，严格执行公安部关于建筑工地防火及其他有关安全防火的专门规定；

（2）对进场的职工进行消防安全知识教育，建立现场安全用火制度，在显著位置设防火标志。不经安全教育不准进场施工；

（3）用火前，必须取得现场用火证明，并将用火周围的易燃物品清理干净，设有专人看火；

（4）施工现场应备有泡沫灭火器和其他消防设备；

（5）沥青锅设置地点，应选择便于操作和运输的平坦场地，并应处于工地的下风头，沥青锅距建筑物和易燃物应在 25m 以上，距离电线在 10m 以上，周围严禁堆放易燃物品；

（6）沥青锅烧火口处，必须砌筑 1m 高的防火墙，锅边应高出地面 30cm 以上，相邻两个沥青锅的间距不得小于 3m，沥青锅的上方宜设置可升降的局部的吸烟罩；

（7）熬制沥青时，投放锅内的沥青数量应不超过全部容积的 2/3，沥青如水分过多，需降低熬制温度，加热温度要严格控制，经常测试，不要超过沥青的闪光点；

（8）调制冷底子油时，应严格控制沥青的配置温度，防止加入溶剂时发生火灾，同时调制地点应远离明火 10m 以外，操作人员不得吸烟；

（9）采用热熔法施工时，石油液化气罐、氧气瓶等应有技术检验合格证，使用时，要严格检查各种安全装置是否齐全有效，施工现场不得有其他明火作业，遇屋面有易燃设备时，应采取隔离防护措施；

（10）火焰喷枪或汽油喷灯应由专人保管和操作，点燃的火焰喷枪（或喷灯口）不准对着人员或堆放卷材处，以免烫伤或着火；

（11）喷枪使用前，应先检查液化气钢瓶开关及喷枪开关等各个环节的气密性，确认完好无损后才可点燃喷枪，喷枪点火时，喷枪开关不能旋到最大状态，应在点燃后缓缓调节；

（12）所有溶剂型材料均不得露天存放；

（13）五级以上大风及雨雪天暂停室外热熔防水施工。

2. 防毒措施

（1）挥发性溶剂，其蒸气被人吸入会引起中毒，如在室内使用，要有局部排风装置；

（2）从事有毒原料施工的人员应根据需要穿戴防毒口罩、胶皮手套、防护眼镜、工作服、胶鞋等防护用品；

（3）如溶剂附着在皮肤上时，要立即用大量清水冲洗，乙二胺类物质对皮肤有强烈的腐蚀作用，如接触应立即用清水冲洗，然后再用酒精擦净；

（4）工人在操作中，当吸入有毒有害气体出现头晕、头痛、胸闷等不适症状，应立即离开操作地点，到通风凉爽的地方休息，并请医生诊治；

（5）溶剂等从容器中往外倾倒时，要注意避免溅出伤人；

（6）所有溶剂及有挥放性的防水材料，必须用密封容器包装；

（7）废弃的防水材料及垃圾要集中处理，不能污染环境；

（8）操作者工作完毕后，应洗脸洗手，不得不洗手吃东西和吸烟，最好要全身淋浴，以防中毒。

3. 防护措施

（1）从事高处作业人员要定期体检，凡患高血压、心脏病、贫血病、癫痫病以及其他不适合高处作业的疾病，不得从事高处作业；

（2）操作人员进入施工现场必须戴安全帽，从事高处作业的人员要挂好安全带，高处作业人员衣着要扎紧，禁止穿拖鞋、高跟鞋或赤脚进场作业；

（3）五级风以上或遇有雨雪等恶劣天气影响施工安全时，应停止作业；

（4）脚手架应按规程标准支搭，按照规定支设安全网，施工层脚手架要铺严扎牢，不准留单跳板、探头板，脚手板与建筑物的空隙不得大于200mm；

（5）预留洞口、阳台口和屋面临边等应设防护措施，在距檐口1.5m范围内应侧身施工；

（6）使用吊篮施工，必须经过安全部门验收，吊篮防护必须严密，保险绳应牢固可靠；

（7）高处作业所用的材料要堆放平稳，工具或零星物料应放在工具袋内，上下传递物件禁止抛掷；

（8）使用高车井架或外用电梯时，各层应注意上下联系信号，操作前应预先检查过桥通道是否牢固，上料时，小车前后轮应加挡车横木，平台上人员不得向井内探头；

（9）在坑槽内施工时，应经常检查边壁土质稳固情况，发现异常，立即通知有关人员；

（10）闷热天在基坑槽内施工时，应定时轮换作业，以免发生危险；

（11）使用手持式电动工具必须装有漏电保护装置，操作时必须戴绝缘手套；

（12）作业的垂直下方不得有人，以防掉物伤人。

参 考 文 献

[1] 建设部人事教育司组织编写. 防水工[M]. 北京：中国建筑工业出版社，2005.

[2] 沈春林. 新型建筑防水材料施工[M]. 北京：中国建材工业出版社，2015.

[3] 人力资源和社会保障部教材办公室组织编写. 防水工[M]. 北京：中国劳动社会保障出版社，2015.

[4] 梁敦维. 图解防水工基本技术[M]. 北京：中国电力出版社，2009.

[5] 《防水工从新手到高手》编委会编写. 防水工从新手到高手[M]. 北京：机械工业出版社，2014.

[6] 刘德艳. 防水工操作流程与禁忌[M]. 北京：化学工业出版社，2012.

[7] GB 50207—2012 屋面工程质量验收规范[S]. 北京：中国建筑工业出版社，2012.

[8] GB 50345—2012 屋面工程技术规范[S]. 北京：中国建筑工业出版社，2012.

[9] GB 50208—2011 地下防水工程质量验收规范[S]. 北京：中国建筑工业出版社，2011.

[10] GB 50108—2008 地下工程防水技术规范[S]. 北京：中国建筑工业出版社，2008.

[11] GB 12952—2011 聚氯乙烯防水卷材[S]. 北京：中国建筑工业出版社，2011.

[12] GB/T 183—2008 防水沥青与防水卷材术语[S]. 北京：中国建筑工业出版社，2008.

[13] GB 18242—2008 弹性体改性沥青防水卷材[S]. 北京：中国建筑工业出版社，2008.

[14] GB 18243—2008 塑性体改性沥青防水卷材[S]. 北京：中国建筑工业出版社，2008.

[15] JC/T 798—1997 聚氯乙烯建筑防水接缝材料[S]. 北京：中国建筑

工业出版社，1997.

[16] JC/T 207—2011 建筑防水沥青嵌缝油膏[S]. 北京：中国建筑工业出版社，2011.

[17] JC/T 484—2006 丙烯酸酯建筑密封胶[S]. 北京：中国建筑工业出版社，2006.

[18] JC/T 482—2003 聚氨酯建筑密封胶[S]. 北京：中国建筑工业出版社，2003.